彩绘注音版新课标必读文学名著

# 森林报·冬

[苏] 维塔利·瓦连季诺维奇·比安基　著

胡媛媛　编

广东旅游出版社
GUANGDONG TRAVEL & TOURISM PRESS

中国·广州

**图书在版编目（ＣＩＰ）数据**

森林报.冬 /(苏) 维塔利·瓦连季诺维奇·比安基著；胡媛媛编.——
广州：广东旅游出版社,2016.12
（彩绘注音版新课标必读文学名著）
ISBN 978-7-5570-0600-6

Ⅰ.①森… Ⅱ.①维…②胡… Ⅲ.①森林 – 青少年读物 Ⅳ.①S7–49

中国版本图书馆 CIP 数据核字 (2016) 第 240449 号

---

总 策 划：罗艳辉
责任编辑：贾占闯
责任技编：刘振华
责任校对：李瑞苑

## 森林报·冬
### SENLINBAO.DONG

**广东旅游出版社出版发行**

（广州市越秀区建设街道环市东路 338 号银政大厦西楼 12 楼　邮编：510030）
邮购电话：020-87348243
广东旅游出版社图书网
**www.tourpress.cn**
湖北楚天传媒印务有限责任公司
（湖北省武汉市东湖新技术开发区流芳园横路 1 号　邮编：430205）
880 毫米 × 1230 毫米　32 开　4.5 印张　55 千字
2016 年 12 月第 1 版第 1 次印刷
定价：12.80 元

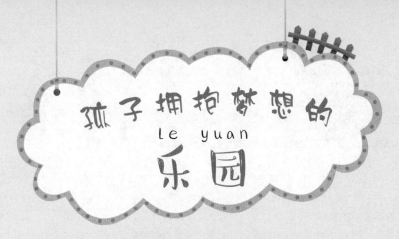

孩子拥抱梦想的
le yuan
乐园

孩子的心灵是最纯真的,他们对世界充满了好奇,充满了幻想。年轻的父母们,在孩子成长的过程中,你们用什么满足他们的好奇心,使他们的梦想绚丽多彩?用什么为他们纯洁的心灵注入真善美,使他们的内心充满爱?

请让孩子阅读《彩绘注音版新课标必读文学名著》吧!

在这套《彩绘注音版新课标必读文学名著》里,有影响中外几代人的、闪耀着真善美光环的**传世名作**,有能满足好奇心、激励探索精神的**智慧宝库**,还有蕴藏中华民族文化内涵的、陶冶情操的**传统经典**。

为了帮助孩子更好地理解、吸纳作品的精华,协助家长更好地引导孩子阅读名著,我们会**陪你一起思考,伴你一起欣赏,与你一起分享**作品带来的愉悦。

《彩绘注音版新课标必读文学名著》,为孩子们点燃心灵之烛,照亮成长之路!

董宏猷

# CONTENTS/ 目 录

# xiǎo jìng chū bái yuè（dōng yī yuè）
# 小径初白月（冬一月）

## dōng tiān de shū
## 冬天的书

dà dì shang pū le yī céng bái xuě　xiàn zài tián yě
大地上铺了一层白雪。现在田野

hé lín zhōng kòng dì　rú tóng yī běn jù dà de shū　měi
和林中空地，如同一本巨大的书。每

gè rén zài shàngmiàn zǒu guò　dōu huì liú xià yī háng zì
个人在上面走过，都会留下一行字：

mǒu mǒu dào cǐ yī yóu　bái tiān xià le yī chǎng xuě　xuě
某某到此一游。白天下了一场雪。雪

tíng le　　zhè ge shū yè yòu biàn de gān gān jìng jìng rú
停了，这个书页又变得干干净净。如

guǒ zǎo chen nǐ lái kàn　huì kàn jiàn jié bái de shū yè shang
果早晨你来看，会看见洁白的书页上，

yǒu gè zhǒng gè yàng qí guài nán jiě de fú hào　xiàn tiáo
有各种各样奇怪难解的符号、线条、

yuán diǎn hé dòu diǎn　qí shí　shì yè lǐ yǒu gè zhǒng gè
圆点和逗点。其实，是夜里有各种各

yàng de lín zhōng jū mín lái guo zhè lǐ　tā men zài zhè lǐ
样的林中居民来过这里，它们在这里

màn bù　bèng bèng tiào tiào　zuò le yī xiē shì qing　nà
漫步，蹦蹦跳跳，做了一些事情。那

各种各样：
具有多种多样
的特征或具有各
不相同的种类。

me dào dǐ shéi lái guo zhè lǐ　　tā men yòu zuò le shén me
么到底谁来过这里？它们又做了什么

ne　　yī dìng yào gǎn kuài nòng míng bai zhè xiē nán jiě de fú
呢？一定要赶快弄明白这些难解的符

hào　dú dǒng zhè xiē shén mì de jù zi　fǒu zé　　yī
号，读懂这些神秘的句子。否则，一

cháng xuě guò hòu　　zhè yī qiè jiù huì xiāo shī zài wǒ men de
场雪过后，这一切就会消失在我们的

shì xiàn li　zài nǐ yǎn qián yòu jiāng chū xiàn yī zhāng gān jìng
视线里，在你眼前又将出现一张干净、

píng zhěng de bái zhǐ
平整的白纸。

说明雪下得很频繁。

chá kàn yín jìng shang de jiǎo yìn
# 察看银径上的脚印

liè rén men xiáng xì de xiàng dāng dì nóng mín liǎo jiě le
猎人们详细地向当地农民了解了

zhěng jiàn shì qing　dé zhī láng shì cóng nǎ er lái dào cūn zhuāng
整件事情，得知狼是从哪儿来到村庄

de　　jiē zhe yòu qù chá kàn láng liú xià de jiǎo yìn　　nà
的，接着又去察看狼留下的脚印。那

liǎng liàng zài zhe juàn zhóu de xuě qiāo　　yī zhí gēn zài tā men
两辆载着卷轴的雪橇，一直跟在他们

hòu miàn
后面。

猎人们在追捕狼的踪迹。

láng de jiǎo yìn xíng chéng yī tiáo bǐ zhí de xiàn　cóng
狼的脚印形成一条笔直的线，从

cūn zhuāng li chū lái　　chuān guo tián gěng　　yī zhí tōng xiàng shù
村庄里出来，穿过田埂，一直通向树

lín shēn chù　　zhà yī kàn　　hǎo xiàng zhǐ yǒu yī tóu láng
林深处。乍一看，好像只有一头狼，

可是，那些有经验的、善于辨别兽迹的人一看，就知道其实走过去的狼应该有一群。

一直追踪狼迹进了树林，才判断出这是五头狼的脚印。猎人们仔细观察一番后得出结论：走在最前面的是一头母狼，它的脚印窄窄的，步距较小，脚爪留下的槽是斜着的，凭这些特点就可以断定它是一头母狼。

一番仔细查探后，他们分为两队，分别乘上雪橇，围着森林绕上一周。

但他们并没有在

表现出猎人们丰富的捕猎经验。

zhōu wéi fā xiàn láng cóng shù lín li lí kāi de jiǎo yìn yīn
周围发现狼从树林里离开的脚印，因

cǐ kě yǐ duàn dìng zhè wō láng réng rán yǐn bì zài shù lín
此，可以断定这窝狼仍然隐蔽在树林

li děi gǎn jǐn kāi shǐ wéi bǔ
里，得赶紧开始围捕。

dài zhe xiǎo hóng qí qù dǎ láng
# 带着小红旗去打狼

夜深人静：
深夜没有人声，
非常寂静。

cūn zhuāng fù jìn chū xiàn le jǐ tóu xiōng měng ér jiǎo huá
村庄附近出现了几头凶猛而狡猾

de láng cháng cháng chèn yè shēn rén jìng chuǎng jìn cūn zhuāng
的狼，常常趁夜深人静闯进村庄，

shāng hài qín chù cūn zi li yī gè liè rén yě méi yǒu
伤害禽畜。村子里一个猎人也没有，

wú nài de nóng mín zhǐ hǎo dào chéng li qiú zhù
无奈的农民只好到城里求助。

jǐ tiān hòu yī qún shì bīng jià shǐ liǎng liàng zài huò
几天后，一群士兵驾驶两辆载货

xuě qiāo lái dào le cūn zi li bié kàn tā men bù shì zhuān
雪橇来到了村子里。别看他们不是专

zhí de liè rén què gè gè dōu shì qiāng fǎ qí zhǔn de shòu
职的猎人，却个个都是枪法奇准的狩

liè gāo shǒu xuě qiāo chē shang fàng zhe gāo gāo lóng qǐ de juàn
猎高手。雪橇车上放着高高隆起的卷

zhóu juàn zhóu shang chán zhe shéng zi měi gé yī duàn jù lí
轴，卷轴上缠着绳子，每隔一段距离

jiù jì zhe yī miàn hóng sè de qí zi zhè kě shì tā men
就系着一面红色的旗子。这可是他们

bǔ láng bù kě quē shǎo de gōng jù
捕狼不可缺少的工具。

# 动物用鼻子读

每一位林中居民都在这本冬天的书上签字了，它们留下了各自的笔迹和符号。人们用眼睛来分辨这些符号。当然，不用眼睛，那用什么呢？然而动物却奇妙地用鼻子读。比如，狗用鼻子嗅嗅冬书上的字，就会知道"狼来过这里"，或是"有一只兔子刚经过这里"。走兽的鼻子是非常灵敏的，它绝不会读错的。

动物们的鼻子很灵敏，能闻出其他动物的气味。

# 用什么写字

大部分走兽都是用脚写字的。有的用五个脚指头写，有的用四个脚指

tóu xiě　yǒu de yòng tí zi xiě　hái yǒu de yòng wěi ba
头写，有的用蹄子写，还有的用尾巴、

bí zi　shèn zhì shì dù pí xiě　fēi qín yòng jiǎo hé wěi
鼻子，甚至是肚皮写。飞禽用脚和尾

ba xiě zì　tā men hái yòng chì bǎng xiě zì
巴写字，它们还用翅膀写字。

说明要了
解林中的痕迹是
很需要精力的。

## 楷体和花体
kǎi tǐ hé huā tǐ

jì zhě men xué huì le yuè dú zhè běn jiǎng shù lín zhōng
记者们学会了阅读这本讲述林中

dà shì de dōng shū　tā men huā fèi hěn duō jīng lì cái zhǎng
大事的冬书。他们花费很多精力才掌

wò le zhè mén xué wen　yuán lái bìng bù shì suǒ yǒu de lín
握了这门学问。原来并不是所有的林

zhōng jū mín dōu yòng kǎi shū qiān zì　yǒu de gèng xǐ huan yòng
中居民都用楷书签字，有的更喜欢用

piào liang de huā tǐ　huī shǔ de bǐ jì jí yì biàn rèn
漂亮的花体。灰鼠的笔迹极易辨认

bìng láo jì　tā zài xuě dì shang yī bèng yī tiào
并牢记。它在雪地上一蹦一跳，

hǎo xiàng zài wán tiào bèi yóu xì
好像在玩跳背游戏

yī yàng　tā tiào de shí hou
一样。它跳的时候，

duǎn duǎn de qián jiǎo
短短的前脚

chēng zhe dì  cháng cháng de  hòu tuǐ chǎ de hěn kāi  xiàng
撑着地，长长的后腿叉得很开，向

qián shēn chū lǎo yuǎn  qián jiǎo yìn jí xiǎo  bìng pái yìn zhe
前伸出老远。前脚印极小，并排印着

liǎng gè yuán diǎn  hòu jiǎo yìn cháng cháng de  fēn de hěn
两个圆点。后脚印长长的，分得很

kāi  hǎo xiàng liǎng zhī xiǎo shǒu  shēn zhe xiān xì de shǒu zhǐ
开，好像两只小手，伸着纤细的手指。

lǎo shǔ de zì suī rán xiǎo  bù guò què jiǎn dān yì
老鼠的字虽然小，不过却简单易

rèn  tā cóng xuě dǐ xia pá chu lai shí  yī bān xiān rào
认。它从雪底下爬出来时，一般先绕

gè quān zi  zài cháo zhe mù dì dì yī lù pǎo qù  huò
个圈子，再朝着目的地一路跑去，或

zhě tuì huí dào shǔ dòng li  zhè yàng yī lái  zài xuě dì
者退回到鼠洞里。这样一来，在雪地

shang liú xià yī cháng chuàn mào hào  mào hào yǔ mào hào zhī
上留下一长串冒号：冒号与冒号之

jiān de jù lí děng cháng  fēi qín de bǐ jì yě jí yì biàn
间的距离等长。飞禽的笔迹也极易辨

rèn  bǐ rú  zài xuě dì shang xǐ què de sān zhī qián jiǎo
认。比如，在雪地上喜鹊的三只前脚

zhǐ tou liú xià xiǎo shí zì  hòu miàn de dì sì gè jiǎo zhǐ
指头留下小十字，后面的第四个脚指

tou  liú xià yī gè duǎn pò zhé hào  zài xiǎo shí zì de
头，留下一个短破折号。在小十字的

liǎng cè  yìn zhe hǎo xiàng shǒu zhǐ tou yī yàng  chì bǎng shang
两侧，印着好像手指头一样、翅膀上

yǔ máo de hén jì  zài xuě shang de mǒu xiē dì fang  tā
羽毛的痕迹。在雪上的某些地方，它

nà tī xíng cháng wěi ba  kěn dìng huì liú xià hén jì
那梯形长尾巴，肯定会留下痕迹。

zhè xiē qiān zì dōu méi yǒu shén me huā yàng  jí yì
这些签字都没有什么花样，极易

介绍了灰鼠的笔迹。

转折，说明下文是介绍如何辨认飞禽的笔迹。

燕子姐姐 和你一起分享

灰鼠、老鼠和喜鹊的签字很容易认出来。

燕子姐姐 伴你一起欣赏

云里雾里：好像掉在一片大雾里。比喻人迷惑不解的样子。

看出来：这是一只灰鼠从树上爬下来，在雪地上跳跃了一阵，又爬上树了；这是一只老鼠从雪底下跳出来，跑了一阵，转几个圈，又钻回雪底了；这是一只喜鹊落了下来。在冻得坚硬的积雪上跳了一会儿，尾巴在积雪上碰了一下，翅膀在积雪上扫了一下，就飞走了。不过，你要试着查看狐狸和狼的笔迹，如果没看惯，一定会被弄得云里雾里。

# 小狗和狐狸，大狗和狼

狐狸的脚印和小狗的脚印很相似，其区别就是：狐狸把脚爪缩成一团，几只脚指头紧紧地并在一起。狗的脚指头是张开的，所以它的脚印浅一些、

松一些。狼的脚印和大狗的脚印很相
似，其区别就是：狼的脚掌两侧往里
缩，因此狼的脚印比狗的脚印更长、
更匀称，在雪上印得更深。狼的前爪
印和后爪印之间的距离，比狗爪之间
的距离大一些。狼的前爪印，在雪地
上通常汇合成一个印子。狗脚指头
上的小肉疙瘩并拢在一起，狼的不
是。这些是识别动物脚印的基础知识。

最难读懂狼脚印，因为狼诡计多端，
故意弄乱脚印。狐狸也一样。

叙述了狼的脚印和大狗的脚印的区别。

说明狼和狐狸的踪迹不好找。

## 狼的诡计

狼走路或者小跑的时候，往往把
右后脚整齐地踩在左前脚的脚印里，
把左后脚整齐地踩在右前脚的脚印里。

因此，它的脚印像一条绳子一样笔直。

当你看到这样的脚印，会觉得有一只强壮的狼经过这里了。错，应该这样理解才对："有五只狼经过这里。"

走在最前面的是一只聪明的母狼，一只公狼在后面跟着，然后是三只小狼在后面跟着。它们谨慎地踩着母狼的脚印走，你根本想不到这是五只狼的脚印。要认真训练自己的双眼，才能成为一个善于观察，并能根据雪径追踪兽迹的好猎人（猎人们把雪地上的兽迹称作雪径）。

# 冬天的树木

冬天树木会冻死吗？会。如果一棵树冻透了，冻到了心脏，那就必死无疑了。在特别寒冷、少雪的冬季，就会冻死不少树木，其中大多数是小树。如果树木不想点妙计保暖，让寒气侵袭到了身体内部，那么所有的树木都会冻死。摄取养分、生长发育和孕育后代都需要消耗大量的力和能，要耗费大量的热。树木在夏天里积聚起充分的能量，到冬天就停止摄取营养，停止生长，停止消耗能量繁殖后代。它们变得无所事事，陷入深沉的睡眠之中。树叶散发大量的热量，所以，冬天树木叫树叶滚蛋！树木抛弃

说明树木也有可能被冻死。

无所事事：

事事：前一"事"为动词，意思是做；后一"事"为名词，意思是事情。闲着什么事都不干。

必不可少：
是绝对需要的
或者不达到某
种目的就不能
做成某种事情
的意思。近义
词为不可或缺
和至关重要。

叙述了软
木的作用。

树叶，放弃树叶，就是为了把维持生命必不可少的热量保存在体内。何况，从树枝上掉落的树叶，在地上腐烂了，也会散发热量，保护娇嫩的树根不受冻。不仅如此，每一棵树都有一副铠甲，保护植物的活机体不受严寒的侵袭。在每年夏天，树木都在树干和树枝皮下，储存多孔隙的软木组织：无生命的夹层填料。软木既不透水又不透气。空气滞留在软木的气孔中，不让树木活机体中的热量向外散发。

树越老，软木层就越厚，所以老树、粗树比小树、细树更容易熬过寒冬。树木不仅有软木铠甲。如果酷寒穿透了这层铠甲，那么在植物的活机体中，它将遇到化学防线。冬季来临之前，在树液里积蓄起各种盐类和可以转化

wéi táng de diàn fěn yán lèi hé táng de róng yè de kàng hán
为糖的淀粉。盐类和糖的溶液的抗寒

néng lì dōu hěn qiáng bù guò sōng ruǎn de xuě bèi cái shì
能力都很强。不过，松软的雪被才是

shù mù zuì hǎo de fáng hán shè bèi dà jiā dōu zhī dào
树木最好的防寒设备。大家都知道，

tǐ tiē rù wēi de yuán dīng men yǒu yì bǎ wèi hán de xiǎo guǒ
体贴入微的园丁们有意把畏寒的小果

shù wān dào dì shang yòng xuě bǎ tā men mái qǐ lai zhè
树弯到地上，用雪把它们埋起来。这

yàng xiǎo guǒ shù jiù nuǎn huo duō le zài bái xuě ái ái
样，小果树就暖和多了。在白雪皑皑

de dōng tiān dà xuě xiàng chuáng yā róng bèi bǎ sēn lín
的冬天，大雪像床鸭绒被，把森林

fù gài qǐ lai wú lùn tiān duō me lěng shù mù yě bù
覆盖起来。无论天多么冷，树木也不

hài pà le wú lùn yán hán zěn yàng xí jī tā yě wú
害怕了。无论严寒怎样袭击，它也无

fǎ dòng sǐ běi fāng de sēn lín wǒ men de sēn lín wáng
法冻死北方的森林！我们的"森林王

zǐ dǐ yù yán hán zuì lì hai
子"抵御严寒最厉害。

体贴入微：
体贴：细心体谅别人的心情和处境，给予关心和照顾；入微：达到细微的程度。形容对人照顾或关怀非常细心、周到。

白雪起到了为树木保暖的作用。

## 雪下牧场

xuě xià mù chǎng

fù jìn dōu shì bái máng máng de yī piàn jī xuě hěn
附近都是白茫茫的一片，积雪很

shēn le nǐ xiǎng dào dà dì shang zhǐ yǒu jī xuě huā er
深了。你想到大地上只有积雪，花儿

diāo xiè le cǎo er kū wěi le zhè gāi duō me yù mèn
凋谢了，草儿枯萎了，这该多么郁闷

面对冬天凋零的植物，人们总是觉得无趣。

毛茛在冬天的时候开花了，为冬天添彩。

说明牧场里的植物种类很多。

啊！人们总是这么觉得，甚至还自我安慰道："唉，算了吧！大自然的规律是无法改变的！"其实，我们对大自然的了解太少了！今天天晴了，也非常暖和。在这一天，我蹬上滑雪板，滑到了小牧场，把小试验场里的积雪清除干净了。积雪清除完了。阳光照亮了正月的花草，照亮了趴在冰冻的地面上的小绿叶，照亮了从枯草根下钻出来的新鲜的小尖叶，也照亮了被积雪压倒在地上的各种小绿草茎。在这些植物中，我看到了我种的毛茛，它在冬季之前就开花了。现在在雪底下保存着所有的花朵和花蕾，正等待着春天的降临。就连花瓣都没有掉落！在我这小小的试验场上有多少种植物呢？共有六十二种。其中有

<ruby>三<rt>sān</rt></ruby><ruby>十<rt>shí</rt></ruby><ruby>六<rt>liù</rt></ruby><ruby>种<rt>zhǒng</rt></ruby><ruby>透<rt>tòu</rt></ruby><ruby>着<rt>zhe</rt></ruby><ruby>绿<rt>lǜ</rt></ruby><ruby>色<rt>sè</rt></ruby>，<ruby>有<rt>yǒu</rt></ruby><ruby>五<rt>wǔ</rt></ruby><ruby>种<rt>zhǒng</rt></ruby><ruby>开<rt>kāi</rt></ruby><ruby>着<rt>zhe</rt></ruby><ruby>花<rt>huā</rt></ruby>。

三十六种透着绿色，有五种开着花。

你还说正月我们牧场上既看不到草，

也看不到花呢！

# 可怕的脚印

森林记者在树下发现了一串爪印很长的路，一看就让人毛骨悚然。爪印本身不是很大，和狐狸爪印差不多，不过这爪印像钉子一样又直又长。如果被这样的脚爪抓一下肚皮，一定会

燕子姐姐
伴你一起欣赏

毛骨悚然：
悚然：害怕的样子。汗毛竖起，脊梁骨发冷。形容十分恐惧。

说明爪印的主人是很厉害的。

多愁善感：
善:容易。经常发愁和伤感。形容人思想空虚,感情脆弱。

被抓破的。记者警惕地沿着爪印走，来到一个巨大的洞前，洞口的雪地上散落着细毛。他们仔细观察了一下：这细毛笔直坚硬，不易扯断。白色的毛，黑色的毛尖。人们经常用它做毛笔。他们马上就懂了：原来洞里住的是獾。獾是个多愁善感的家伙，不是十分可怕。它趁着天晴化雪，出来散散步。

# 雪下的鸟群

兔子在沼泽地上一蹦一跳的。它从这个草墩上，跳到那个草墩上，来回跳着，也不觉得累，突然扑通一声摔了下来，掉在了雪里，雪没到它的耳朵边。兔子感觉脚下有个活的东西

zài dòng jiù zài zhè shí zài zhōu wéi de xuě dǐ xia
在动。就在这时，在周围的雪底下，

yǒu yī dà qún bái zhè gū fēi qi lai le tù zi xià huài
有一大群白鹧鸪飞起来了。兔子吓坏

le jí cōng cōng de pǎo huí le sēn lín yuán lái zài zhǎo
了，急匆匆地跑回了森林。原来在沼

zé dì de xuě dǐ xia shēng huó zhe yī qún bái zhè gū zài
泽地的雪底下生活着一群白鹧鸪。在

bái tiān tā men huì fēi chu lai zài zhǎo zé dì shang sàn
白天，它们会飞出来，在沼泽地上散

bù wā xuě li de màn yuè jú chī tā men chī bǎo le
步，挖雪里的蔓越橘吃。它们吃饱了，

yòu huí dào xuě dǐ xia tā men zhù zài nà lǐ yòu nuǎn huo
又回到雪底下。它们住在那里又暖和

yòu ān quán yǒu shéi fā xiàn tā men duǒ cáng zài xuě xià ne
又安全。有谁发现它们躲藏在雪下呢？

叙述了白鹧
鸪的生活习性。

## xuě bào zhà le lù dé jiù le
# 雪爆炸了，鹿得救了

jì zhě cāi le xǔ jiǔ yě cāi bu tòu xuě dì shang de
记者猜了许久也猜不透雪地上的

yī xiē jiǎo yìn zi tā men jiù xiàng jì zǎi zhe yī gè mí
一些脚印子，它们就像记载着一个谜

yī yàng de gù shi qǐ chū shì yī xiē bù tài ān wěn de
一样的故事。起初是一些步态安稳的

xì xiǎo xiá zhǎi de shòu tí yìn zhè bù nán míng bai yǒu
细小狭窄的兽蹄印。这不难明白：有

yī zhī mǔ lù zài lín zi li zǒu guo tā méi yù gǎn dào
一只母鹿在林子里走过，它没预感到

zāi nàn jiù yào jiàng lín dào tā de tóu shang tū rán zài
灾难就要降临到它的头上。突然，在

解释了脚印隐含的事件。

蹄印旁，出现了一些大脚印，这时母鹿的脚印开始跳跃了。这也很好懂：一只狼从密林里看见了母鹿，向它扑过来。母鹿迅速地从狼身旁逃走。然后，狼脚印离母鹿脚印越发近了，眼看着狼就要追上母鹿了。在一棵倒地的大树旁，两种脚印恰好混在了一块。看来，母鹿刚刚跳过大树干，狼就紧跟着追了上去。树干的那边，有个深

比喻句的使用，将坑的样子描述得具体形象。

坑，坑里的积雪被击碎了，到处都是。好像有个巨型炸弹在雪下爆炸了一样。后来，母鹿的脚印朝一个方向，狼的脚印却朝另一个方向，中间还有些不知从何处冒出来的巨大的脚印，和人光着脚的脚印极像，只是还带着可怕的、弯曲的爪印。到底是一颗怎样的炸弹埋在了雪里？这巨大的新脚印究

竟是谁的？狼为什么朝一个方向跑，母鹿朝另一个方向跑？究竟发生了什么？记者思考着这些问题。终于，他们弄明白了这巨大的脚印是谁的，这一切都真相大白了。母鹿用它的飞毛腿，轻松地跳过了倒在地上的树干，向前飞奔。狼紧跟着也跳了起来，不过没有跳过去。因为它的身子太重，扑通一声，从树干上摔进了雪里，四条腿陷入了熊洞里。这时熊正好在树干底下睡觉。它从睡梦中被惊醒，无比惊慌地一跃而起，就这样冰雪和树枝到处乱飞，好像炸弹炸过一样。熊迅速地向树林里逃窜，以为有猎人向它进攻。狼栽进了雪里，见到这么个胖家伙，忘了追母鹿，只顾逃命去了，而母鹿早就跑得无影无踪了。

和你一起分享

记者心中的疑问很多。

伴你一起欣赏

真相大白：

大白：彻底弄清楚。真实情况完全弄明白了。

# 围攻
wéi gōng

狼正在静悄悄的密林深处打盹儿，猛听到从村庄方向传来一阵喧哗声。母狼猛地一跃而起，向与村庄相反的方向逃窜而去，公狼和小狼紧随其后。它们脖子上的鬃毛竖着，夹紧了尾巴，两只耳朵向背后竖起，眼睛里直冒火光，不顾一切地飞奔着，逃窜着。到了树林边，又看见一串串像燃烧的火焰似

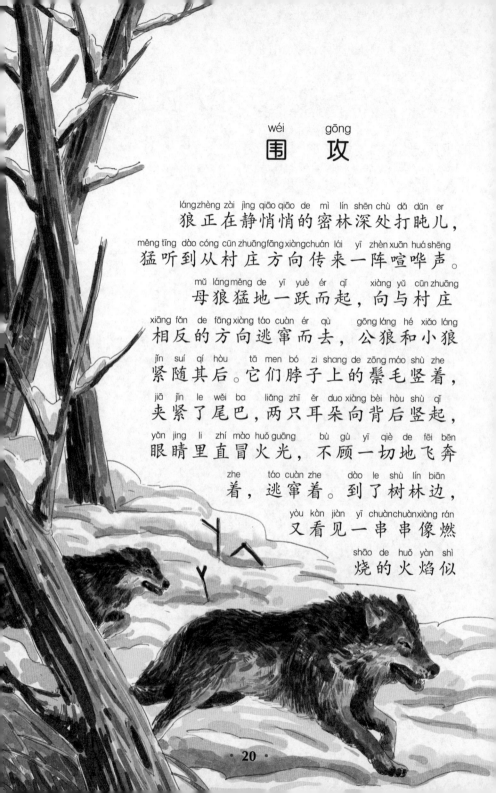

de hóng bù piàn
的红布片。

cǐ shí　　　láng yǐ jīng gǎn dào le　mò míng de kǒng jù
此时，狼已经感到了莫名的恐惧

hé jīng huāng　　tā men zhuǎn shēn fēi yě shì de wǎng huí táo
和惊慌，它们转身飞也似的往回逃。

燕子姐姐和你一起分享

狼感受到周围的危险，转身逃走了。

kě shì　　　nà hǎn shēng yǐ jīng yuè lái yuè jìn　　tīng
可是，呐喊声已经越来越近。听

de chū　　yǒu dà pī rén zhèng zài xiàng tā men wéi guo lai
得出，有大批人正在向它们围过来，

mù bàng qiāo de shù lín dōu zhèn dòng le
木棒敲得树林都震动了。

láng men xià de yòu wǎng huí táo　　zōng máo shù de gèng
狼们吓得又往回逃，鬃毛竖得更

zhí　　wěi ba jiā de gèng jǐn　　liǎng zhī ěr duo xiàng zhe hòu
直，尾巴夹得更紧，两只耳朵向着后

bèi　　yǎn jing zhí cuàn huǒ　　bù gù yī qiè de fēi bēn zhe
背，眼睛直窜火，不顾一切地飞奔着，

燕子姐姐伴你一起欣赏

不顾一切：什么都不顾。

táo cuàn zhe　　　　　zài cì lái dào le shù lín biān　　zhè lǐ
逃窜着……再次来到了树林边。这里

jìng rán méi yǒu sì huǒ de hóng bù piàn le
竟然没有似火的红布片了。

cǐ shí　　　láng de kǒng jù hé jǐng tì bù jīn shùn jiān
此时，狼的恐惧和警惕不禁瞬间

xiāo shī le　　kuài wǎng qián pǎo ya
消失了，快往前跑呀！

yú shì　　　zhè qún láng zhèng hǎo chòng zhe yǐ jīng děng hòu
于是，这群狼正好冲着已经等候

le dà bàn tiān de liè rén men de duì wu pǎo le guò lái
了大半天的猎人们的队伍跑了过来。

tū rán　　　cóng guàn mù cóng hòu pēn shè chū yī dào dào
突然，从灌木丛后喷射出一道道

huǒ guāng　　qiāng shēng pī pī pā pā de xiǎng le qǐ lái　　gōng
火光，枪声噼噼啪啪地响了起来。公

láng měng de cuān le gè gāo    yòu pū tōng yì shēng diē zài le
狼猛地蹿了个高，又扑通一声跌在了

dì shang   xiǎo láng men mǎn dì dǎ gǔn   jiào shēng lián lián
地上。小狼们满地打滚，叫声连连。

shì bīng men de qiāng fǎ hěn zhǔn   xiǎo láng men bèi quán
士兵们的枪法很准，小狼们被全

bù dǎ sǐ    zhǐ yǒu lǎo mǔ láng bù zhī qù xiàng   shéi yě
部打死。只有老母狼不知去向，谁也

méi yǒu zhù yì dào tā shì shén me shí hou táo zǒu de
没有注意到它是什么时候逃走的。

cóng nà zhī hòu    cūn zhuāng li zài yě méi yǒu fā
从那之后，村庄里再也没有发

shēng shēng chù diū shī de shì qing
生牲畜丢失的事情。

只有一只狼逃走了，体现出士兵们精准的枪法。

<br>

# dǎo méi de qú jīng
# 倒霉的蛉鲭

xuě dì shang yǒu yī chuàn xì xiǎo de jiǎo yìn    tè bié
雪地上有一串细小的脚印，特别

xiàng shì lǎo shǔ liú xià de    zhè shí yī zhī xún shí de xiǎo
像是老鼠留下的。这时一只寻食的小

hú li fā xiàn le zhè chuàn jiǎo yìn    tā kāi xīn jí le   yǐ
狐狸发现了这串脚印，它开心极了，以

wéi mǎ shàng jiù kě yǐ bǎo cān yī dùn le   yú shì tā gù
为马上就可以饱餐一顿了。于是它顾

bu shàng yòng bí zi qù xiù   ér shì jǐn gēn zài jiǎo yìn shēn
不上用鼻子去嗅，而是紧跟在脚印身

hòu zhuī le guò qù
后追了过去。

说明狐狸很饿，想要尽快吃到食物。

xiǎo hú li yī zhí zhuī yī zhí zhuī   zuì zhōng zài guàn
小狐狸一直追一直追，最终在灌

mù cóng qián fàng màn le jiǎo bù tā màn màn de zǒu le guò
木丛前放慢了脚步，它慢慢地走了过

qù zhèng hǎo kàn dào yī gè huī huī de xiǎo dōng xi zài nà
去，正好看到一个灰灰的小东西在那

er zǒu dòng xiǎo hú li xiǎng yě méi xiǎng jiù chōngshang qu jiāng
儿走动。小狐狸想也没想就冲上去将

tā yǎo zhù rán hòu yī xià zi jiāng tā fàng rù zuǐ li
它咬住，然后一下子将它放入嘴里。

dàn gāngcháng dào wèi dào xiǎo hú li jiù jiāng zuǐ zhōng de dōng
但刚尝到味道，小狐狸就将嘴中的东

xi tù le chū lái
西吐了出来。

饥饿的狐狸为什么把到嘴的食物吐出来?

zhè dōng xi bù shì lǎo shǔ zhǐ shì tā hé lǎo shǔ
这东西不是老鼠，只是它和老鼠

yuǎn kàn zhǎng de tè bié xiàng ér yǐ zhè kě lián de jiā huo
远看长得特别像而已。这可怜的家伙

jiào qú jīng hé cì wei tián shǔ shì qīn qi
叫鼩鼱，和刺猬、田鼠是亲戚。

qí shí qú jīng de shēnshang huì sàn fā yī zhǒngràng yě
其实鼩鼱的身上会散发一种让野

shòu men bù huì pèng tā de nán wén qì wèi yǔ shè xiāng yǒu
兽们不会碰它的难闻气味，与麝香有

xiē xiāng sì zhǐ bù guò yù dào le zhè zhī dà yì de xiǎo
些相似。只不过遇到了这只大意的小

hú li qú jīng biàn méi le xìng mìng
狐狸，鼩鼱便没了性命。

解释了狐狸不吃它的原因。

xuě hǎi shēn chù
# 雪海深处

chū dōng shí jié xuě xià de bìng bù shì hěn duō
初冬时节，雪下得并不是很多，

zhè shí tián yě hé sēn lín li de yě shòu guò zhe zuì jiān nán
这时田野和森林里的野兽过着最艰难

说明天气非常寒冷，冻土十分结实。

的日子。地面光秃秃的，冻土越积越厚。地洞里也变冷了。鼹鼠也在遭罪了，它费了好大力气用它那铁锹似的脚爪，挖掘硬如石头的冻土。老鼠、田鼠、伶鼬和白鼬又该如何是好呢？

终于下起大雪了。下呀下，积雪也不再融化。一片白茫茫的雪覆盖了整个大地。人站在大地上，雪没到了膝盖。榛鸡、黑琴鸡还有松鸡，都把头钻进了雪里。

老鼠、田鼠、鼩鼱和其他不冬眠的穴居小野兽都从地

下住所钻出来了，在雪底来回地跑着。

凶猛的伶鼬，也不停地在雪海里钻来

钻去，就像一只小不点海豹。它偶尔

跳出雪地待一两分钟，看是否有榛鸡

从雪底探出头来，看完又钻回雪海底。

就这样，它悄无声息地从雪下钻到鸟

跟前。雪海底比雪海面暖和得多。肆

意的寒风，冬天的死亡气息，都吹不

到那里。深厚的干水层不让严寒接近

地面。许多穴居的老鼠，把自己的冬

巢直接筑在雪下的地上，好像到冬

季别墅里避寒一样。有一对

短尾巴田鼠，用草和

在这样的严寒之下，小动物们也有自己保暖的方法。

máo zài yī kē gài zhe xuě de guàn mù zhī shang zuò le gè xiǎo
毛在一棵盖着雪的灌木枝上做了个小

cháo cóng cháo li hái mào chū qīng wēi de rè qì yǒu jǐ
巢。从巢里还冒出轻微的热气。有几

zhī gāng chū shēng de xiǎo bu diǎn tián shǔ jiù jū zhù zài zhè
只刚出生的小不点田鼠，就居住在这

hòu xuě fù gài xià de nuǎn huo de xiǎo cháo li tā men shēn
厚雪覆盖下的暖和的小巢里。它们身

shang guāng liū liū de yǎn jing hái méi zhēng kāi ne nà shí
上光溜溜的，眼睛还没睁开呢！那时

yán hán sì nüè dá líng xià ne
严寒肆虐，达零下20℃呢！

dōng tiān de zhōng wǔ
# 冬天的中午

zài yuè de yī gè yáng guāng míng mèi de zhōng wǔ
在1月的一个阳光明媚的中午，

bèi bái xuě yǎn gài de shù lín wú bǐ ān jìng xióng zhèng zài
被白雪掩盖的树林无比安静。熊正在

yǐn mì de dòng xué li shuì dà jiào zài xióng de tóu dǐng
隐秘的洞穴里睡大觉。在熊的头顶，

shì bèi xuě yā de chuí xia lai de qiáo mù yǔ guàn mù cóng
是被雪压得垂下来的乔木与灌木。从

zhè xiē shù mù de fèng xì yī xī kě jiàn xǔ duō qí tè
这些树木的缝隙，依稀可见许多奇特

树木之中的小屋，引人好奇，引出下文。

de xiǎo zhù fáng de gǒng xíng yuán dǐng kōng zhōng zǒu láng tíng
的小住房的拱形圆顶、空中走廊、庭

jiē hé chuāng hu hái yǒu gǔ guài de dài jiān dǐng fáng gài de
阶和窗户，还有古怪的带尖顶房盖的

tā xíng xiǎo wū zhè xiē dōng xi dōu zài shǎn shǎn fā guāng
塔形小屋。这些东西都在闪闪发光，

无数小雪花，仿佛金刚钻一样一闪一闪的。一只小鸟，好像从地下钻出来一样，突然跳了出来。它有一条锥子似的尖嘴巴，尾巴向上撅着。小鸟展翅飞到枞树顶，啼啭声在整个树林里回荡！这时，一只绿色的浑浊的眼睛，出现在雪房子下地洞的小窗口前。不会是春天提前降临了吧？这是熊的眼睛。熊总是在它进洞睡觉的那一面，留一扇小窗。谁知道树林里会发生什么事！还好，在金刚钻般的房子里，平安无事。于是，眼睛从窗口消失了。小鸟在冰雪覆盖的树枝上，蹦了一阵，钻回雪帽子底下的树桩里去了，在那里，它拥有一个用柔软的苔藓和绒毛制作而成的温暖的冬巢。

表现出鸟的欢快与活泼。

平安无事：平平安安，没出什么事故。

# 集体农庄纪事

树木在严寒中沉睡。树干里的血液（树液）被冻得凝住了。在树林里，锯子的声音不停地响着。整个冬天，人们都在砍伐木材。冬天砍伐的木材是最珍贵的：干燥结实。为了让木材在春天时，随河水漂浮出去，人们把锯下来的木材搬运到附近的河流边，并且修建冰道。他们在积雪上浇水，就像浇溜冰场一样。集体农庄庄员们在准备春播。他们在选种和观察庄稼苗。田野里的灰山鹑群，都定居在打谷场周围，它们时常飞到村子里来。因为它们很难在厚积雪下找到食物吃。就算扒开了积雪，要用细瘦的

冬天是最适合砍伐木材的季节。

这样严寒的冬季，庄员们仍然在辛勤劳动。

脚爪刨开厚厚的冰层，那更困难了。

冬天极易捕捉山鹑，不过这是犯罪行为，法律禁止冬天捕捉柔弱的山鹑。

聪明的猎人，冬天还时不时地喂喂山鹑，在田野里给它们用枞树枝搭起小棚子，在棚底下撒上燕麦和大麦。这样，就算在最酷寒的冬季，美丽的山鹑也不至于饿死。第二年夏天，每一对山鹑又会孵出二十只或二十只以上小山鹑来，这是多么好的事情啊！

猎人们为了来年还有山鹑可打，冬天的时候会喂它们。

# 冬季作息时间表

集体农庄的牲畜，现在根据冬季作息时间表生活：在规定的时间睡觉、吃饭和散步。四岁的集体农庄女庄员玛莎向我们解释："我和我的

人类控制着牲畜的生活。

xiǎo péng yǒu men　　dōu shàng yòu ér yuán le　　yě xǔ niú hé
小朋友们，都上幼儿园了。也许牛和

mǎ yě shàng yòu ér yuán le　　wǒ men qù sàn bù　　tā men
马也上幼儿园了。我们去散步，它们

yě qù sàn bù　wǒ men huí jiā le　tā men yě huí jiā
也去散步。我们回家了，它们也回家。"

# xiǎo cāng ying
# 小 苍 蝇

笛子姐姐
和你一起分享

0℃在这时
已经算是温暖
了，可见平日
的气温多么低。

zài chū tài yáng de rì zi li　　wēn dù biǎo de shuǐ
在出太阳的日子里，温度表的水

yín zhù shàngshēng dào le　　　zài huā yuán li　lín yīn
银柱上升到了0℃。在花园里、林荫

dào shang hé gōngyuán li　　xǔ duō wú chì bǎng de xiǎo cāng ying
道上和公园里，许多无翅膀的小苍蝇

cóng xuě xià miàn pá le chū lái　　tā men zài xuě shangzhěng
从雪下面爬了出来。它们在雪上整

整爬了一天。

晚上，它们又躲藏到了冰缝和雪缝里。它们居住在幽静暖和的角落里，躲在落叶或苔藓下。它们爬过之后，并没有在雪上留下痕迹。因为这些小虫子身子很小、很轻，要使用倍数很大的放大镜，才可以看清它们：凸出的长嘴巴、奇特的角和纤细的光脚。

强调了小苍蝇的身体非常小。

# 绿 腰 带

一排排匀称的枞树沿着铁路线，延伸了数公里长。这条绿腰带保护着铁路免受风雪侵袭。在每年春天，铁路职工都要种植数千棵小树，来延长这条绿腰带。今年种了十万多棵枞树、洋槐和白杨，以及将近三千棵果树。

林带可以保护铁路，抵抗风雪。

tiě lù zhí gōng men hái zài miáo pǔ li bù xiè de péi yù zhe
铁路职工们还在苗圃里不懈地培育着
gè zhǒng shù miáo
各种树苗。

# gēng xuě jī
# 耕雪机

zuó tiān wǒ dào qǐ míng xīng jí tǐ nóng zhuāng qù
昨天，我到启明星集体农庄，去
kàn wàng wǒ de zhōng xué tóng xué mǐ shā tā shì yī míng tuō
看望我的中学同学米沙，他是一名拖
lā jī shǒu mǐ shā de qī zi gěi wǒ kāi de mén tā
拉机手。米沙的妻子给我开的门，她

冬天耕地，
用玩笑引出下文。

hěn xǐ huan kāi wán xiào mǐ shā hái zài gēng dì ne
很喜欢开玩笑。"米沙还在耕地呢！"
tā shuō wǒ xiǎng tā yòu zài gēn wǒ kāi wán xiào zhè
她说。我想："她又在跟我开玩笑。这
wán xiào kāi de yǒu diǎn jiǎ zài gēng dì ne kě néng lián
玩笑开得有点假：在耕地呢！可能连
tuō ér suǒ li gāng huì pá de hái zi dōu míng bai dōng tiān
托儿所里刚会爬的孩子都明白，冬天
bù gēng dì yú shì wǒ yě dǎ qù de wèn dào zài
不耕地。"于是我也打趣地问道："在

耕雪要怎
么样？引起读
者阅读兴趣。

gēng xuě ba bù gēng xuě hái gēng shén me dāng
耕雪吧？""不耕雪，还耕什么？当
rán shì zài gēng xuě mǐ shā de qī zi huí dá wǒ
然是在耕雪。"米沙的妻子回答。我
qù zhǎo mǐ shā zhēn shi lìng rén jīng yà wǒ dí què shì
去找米沙。真是令人惊讶，我的确是
zài tián li zhǎo dào tā de tā kāi zhe tuō lā jī tuō
在田里找到他的。他开着拖拉机，拖

拉机后面挂着一只长木箱。木箱把雪堆到了一起，堆成一堵结实的高墙。

"米沙，这是在做什么？"我问。"这是用来挡风的雪墙。如果不堆这一堵墙，风就会在田里乱窜，把雪都刮走了。如果没有雪，秋播谷物就会冻死。所以，我在用耕雪机耕雪呢！"

解释了耕雪的原因。

# 国外消息

有人从国外给《森林报》编辑部寄来了有关候鸟生活详情的报道。我们著名的歌手夜莺在非洲中部过冬，百灵鸟生活在埃及，椋鸟去了法国南部、意大利和英国旅行。它们在那儿不唱歌，只顾着吃东西去了。它们没有做巢，也没有养育后代；它们一直

说明迁移的候鸟都已到达了各自的目的地。

在等待春天的到来，等待着飞回故乡的那天。俗话说："在家千日好，出门万事难。"

# 在埃及的百鸟聚会

埃及是鸟儿冬季的乐园。伟大的尼罗河上分出无数支流，河滩上淤泥遍布。河水泛滥所到之处，形成了肥沃的牧场和农田。湖泊和沼泽遍布，有咸水湖，也有淡水湖。暖和的地中海沿岸弯弯曲曲，形成了众多港湾：

在这些地方，丰盛的食物应有尽有，能招待千千万万的鸟儿。夏天，这里是鸟的聚集地。冬天，我们的候鸟也飞过来了。百鸟聚会，场面盛大。好像全世界的鸟都聚在这里。

shuǐ qín mì mi má má de qī xī zài hú shang hé ní
水禽密密麻麻地栖息在湖上和尼

luó hé zhī liú shang cóng yuǎn chù kàn lián shuǐ dōu kàn bu
罗河支流上，从远处看，连水都看不

jiàn le zuǐ ba xià zhǎng zhe gè dà ròu dài de tí hú
见了。嘴巴下长着个大肉袋的鹈鹕，

hé wǒ men de xiǎo huī yā hé xiǎo shuǐ yā yī qǐ zhuā yú
和我们的小灰鸭和小水鸭一起抓鱼。

wǒ men de yù zài piāo liang de cháng jiǎo hóng hè zhī jiān lái huí
我们的鹬在漂亮的长脚红鹤之间来回

de duó bù yī kàn jiàn wǔ cǎi de fēi zhōu wū diāo huò zhě
地踱步，一看见五彩的非洲乌雕或者

wǒ men de bái wěi jīn diāo tā men jiù gè zì táo sàn le
我们的白尾金雕，它们就各自逃散了。

rú guǒ hú miànshangxiǎng qǐ le qiāngshēng chéng qún de gè sè
如果湖面上响起了枪声，成群的各色

niǎo er lì kè mì mi má má de fēi qi lai fā chū zhèn
鸟儿立刻密密麻麻地飞起来，发出震

ěr de shēng yīn jiù xiàng tóng shí qiāo xiǎng le
耳的声音，就像同时敲响了

qiān miàn gǔ shùn jiān zài hú miànshàngkōng
千面鼓。瞬间，在湖面上空

yǒu yī dà piàn hēi yǐng
有一大片黑影，

nà shì fēi qi lai de
那是飞起来的

燕子姐姐和你一起分享

夸张地表
现出了水禽数
量多。

35

niǎo qún dǎng zhù le tài yáng　　wǒ men de hòu niǎo jiù zhè yàng
鸟群挡住了太阳。我们的候鸟就这样

shēng huó zài dōng tiān de zhù suǒ li
生活在冬天的住所里。

guó jiā jìn liè qū
# 国家禁猎区

zài wǒ men guǎng kuò de guó tǔ shang　　yě yǒu yī chù
在我们广阔的国土上，也有一处

niǎo de lè yuán　　nà lǐ bù bǐ fēi zhōu de āi jí chà
鸟的乐园，那里不比非洲的埃及差。

过渡作用，
承上启下。

wǒ men de xǔ duō shuǐ qín hé zhǎo zé dì li de niǎo　　dōu
我们的许多水禽和沼泽地里的鸟，都

huì fēi dào nà lǐ guò dōng　　hé āi jí yī yàng　　zài nà
会飞到那里过冬。和埃及一样，在那

lǐ　　dōng tiān nǐ kě yǐ kàn jiàn yī qún qún de hóng hè hé
里，冬天你可以看见一群群的红鹤和

tí hú　　qí zhōng hái hùn zá zhe zhòng duō de yě yā　　dà
鹈鹕，其中还混杂着众多的野鸭、大

yàn　　yù　　ōu hé měng qín　　wǒ men yǒu dōng tiān　　dàn
雁、鹬、鸥和猛禽。我们有冬天，但

nà er pèng qiǎo méi yǒu dōng tiān　　méi yǒu wǒ men zhè yàng de
那儿碰巧没有冬天，没有我们这样的

jǐ xuě　　yán hán hé dà fēng xuě de dōng tiān　　zài wēn nuǎn
积雪、严寒和大风雪的冬天。在温暖

de　　yū ní biàn bù de qiǎn hǎi wān li　　zài lú wěi cóng
的、淤泥遍布的浅海湾里，在芦苇丛

shēng　　guàn mù mào mì de yán àn　　zài fēng píng làng jìng de
生、灌木茂密的沿岸，在风平浪静的

cǎo yuán hú pō shang　　yī nián sì jì gè zhǒng gè yàng de niǎo
草原湖泊上，一年四季各种各样的鸟

风平浪静：
风已平息;浪已
安静。指江河
湖海里没风浪;
显出一时安闲
宁静的景象。也
比喻事情平息;
恢复沉静。

shí wú bǐ chōng zú
食无比充足。这些地区都是禁猎区，

bù yǔn xǔ liè rén bǔ shā zhè xiē xīn kǔ le yī xià fēi lái
不允许猎人捕杀这些辛苦了一夏飞来

xiē xi de hòu niǎo zhè lǐ jiù shì wèi yú lǐ hǎi dōng nán
歇息的候鸟。这里就是位于里海东南

àn de ā sài bài jiāng gòng hé guó jìng nèi zài lín kē lā
岸的阿塞拜疆共和国境内，在林柯拉

ní yà fù jìn de wǒ guó zhù míng de tǎ léi sī jī zhèng
尼亚附近的，我国著名的塔雷斯基政

fǔ jìn liè qū
府禁猎区。

解释了这么多鸟在此生活的原因。

## 惊动非洲南部

jīng dòng fēi zhōu nán bù

fēi zhōu nán bù fā shēng le yī jiàn hōng dòng de dà
非洲南部，发生了一件轰动的大

shì zài yī qún cóng tiān kōng fēi luò de bái guàn zhōng rén
事。在一群从天空飞落的白鹳中，人

men kàn dào qí zhōng yǒu yī zhī jiǎo shang tào zhe bái sè de jīn
们看到其中有一只脚上套着白色的金

shǔ huán rén men bǔ zhuō le zhè zhī dài huán de bái guàn
属环。人们捕捉了这只戴环的白鹳，

kàn dào le jīn shǔ huán shang kè de zì mò sī kē niǎo lèi
看到了金属环上刻的字：莫斯科鸟类

xué yán jiū wěi yuán huì zǔ dì hào bào zhǐ
学研究委员会，A 组第 195 号。报纸

shang kān dēng le zhè zé xiāo xi yīn cǐ wǒ men zhī dào
上刊登了这则消息，因此我们知道

le zhè zhī dài huán de bái guàn shì zài nǎ lǐ guò dōng de
了，这只戴环的白鹳是在哪里过冬的。

说明这只白鹳是从莫斯科飞到非洲南部来过冬的。

解释了科
学家给鸟戴脚
环的目的。

kē xué jiā lì yòng gěi niǎo dài jiǎo huán de fāng fǎ zhī dào
科学家利用给鸟戴脚环的方法，知道

le guān yú niǎo lèi shēng huó ràng rén jīng qí de mì mì bǐ
了关于鸟类生活让人惊奇的秘密，比

rú tā men de yuè dōng dì yí fēi xiàn lù děng děng
如，它们的越冬地、移飞线路等等。

yīn cǐ shì jiè gè guó de niǎo lèi xué yán jiū wěi yuán huì
因此，世界各国的鸟类学研究委员会

dōu yòng lǚ zhì zuò le dà xiǎo bù yī de huán zài huán shang
都用铝制作了大小不一的环，在环上

kè shàng le gè zì jī gòu de míng chēng hái kè shàng zǔ hào
刻上了各自机构的名称，还刻上组号

àn huán de dà xiǎo fēn zǔ hé biān hào yào shi yǒu
（按环的大小分组）和编号。要是有

shéi zhuā zhù huò dǎ sǐ zhè zhǒng dài huán de niǎo yīng gāi àn
谁抓住或打死这种戴环的鸟，应该按

zhào huán shang kè zhe de jī gòu míng chēng tōng zhī xiāng guān kē
照环上刻着的机构名称，通知相关科

yán dān wèi huò zhě zài bào shang kān dēng zhè ge xiāo xi
研单位，或者在报上刊登这个消息。

bāo wéi
包 围

和你一起分享

一系列动
作描写，猎人
们这是在做什
么呢？

liǎng duì liè rén gè dài le yī gè juàn zhóu tā men
两队猎人各带了一个卷轴，他们

huǎn huǎn gǎn zhe xuě qiāo qián jìn xuán zhuǎn zhe juàn zhóu yán
缓缓赶着雪橇前进，旋转着卷轴，沿

lù fàng chū juàn zhóu shang de shéng zi hòu miàn yǒu rén gēn
路放出卷轴上的绳子，后面有人跟

zhe bǎ fàng chū de shéng zi chán zài guàn mù shù gàn huò
着，把放出的绳子缠在灌木、树干或

树墩上。绳子上的旗悬在半空中，离地约有0.35米的距离，红色的小旗子迎风飘扬。

完成这项工作后，这两队猎人又在村庄附近会合了。现在，他们已经把整个树林都围绕上了带有小旗子的绳子。

他们向农场职工们下达命令，第二天天刚蒙蒙亮就要集合，然后，他们自己就回去休息了。

猎人为什么要用绳子把树林围起来？引人好奇。

# 夜晚

那一夜，皓月朗朗，寒气逼人。

景物描写，渲染冷清的气氛，为下文做铺垫。

先是母狼睡醒了，站起身来。随后，公狼也站了起来。今年刚出生的三头小狼崽也站了起来。

只见周围是密密匝匝、黑魆魆的树林。一轮清冷的明月，挂在茂密的云杉树梢顶上，看起来就像模模糊糊的落日。

狼的肚皮发出咕噜咕噜的响声。太饿了，肚子难受死了！母狼抬起头，对着月亮悲凉地嗥叫。公狼也跟着它凄凉地叫了起来。小狼也学着它们的父母发出尖细的叫声。

村庄里的家畜一听见狼嗥，都吓慌了神，只听见牛哞哞地叫着，羊也发出可怜的咩咩声。

母狼迈步向前，后面跟着公狼，再后面是三头小狼。它们小心地迈着步子，后面一头狼的脚正好踩在前面一头狼留下的脚印上。它们就这样整齐地穿过树林，向村庄走去。母狼突然停住了脚步。公狼也随之停住了。最后，小狼也停住了。

母狼那双敏锐的眼睛恶狠狠地、惶恐不安地闪烁着。它那敏感的鼻子，似乎闻到一股布散发出的又酸又涩的味道。仔细一看，它发现前面林子边的灌木丛上挂着好多黑乎乎的布片儿。

母狼年纪稍长，可以说比较有经验，可这样的阵势它也是第一次碰到。但有一件事它很清楚：有布片的地方，就一定有人。谁知道呢，也许他们这会儿正埋伏在田里守候着它们吧。还是往回走吧。

想到这儿，它掉转身子，连蹿带

母狼试图避开布片，寻找别的出路。

跳，跑回了树林深处。后面紧跟着公狼，再后面是三头小狼。

它们迈着大步，穿越整个树林，来到树林的另一边，它们再次停住了脚步。又是布片儿！还是挂在那儿，好像一条条吐出来的鲜红舌头。

于是，这群狼在树林里东奔西突，一次次穿过树林。可是，不论是这儿，还是那儿，总之到处都挂满布片儿，哪儿也没有出路。

与前文中猎人用绳子包围森林相呼应。

母狼觉得情形不妙了，一定有危险，赶紧逃回密林，气喘吁吁地躺倒在地上。公狼和小狼也都跟着躺下了。

看来，它们逃不出这个包围圈了。那就只能饿着。谁知道外面那批人到底想干什么？天气真冷呀！肚子饿得咕噜咕噜乱叫。

## 猎狐狸

lie hú li

经验丰富的猎人塞索伊奇具备准确的判断力，就拿猎狐狸来说吧，他只要看看狐狸留下的脚印，就能做到心中有数了。

一天早晨，刚刚下过冬天的头一场雪，地面上盖上了一层薄薄的雪。塞索伊奇走出家门，他发现田里的雪地上有一串狐狸的脚印，清清楚楚、整整齐齐。小个子猎人不慌不忙地走到脚印旁，蹲下身仔细观察了一会儿。随后，他卸下滑雪板，一条腿跪在滑雪板上，把一根指头弯起来，伸进狐狸留下的脚印洼处，横着量量，竖着比比。接着，他又思考了一会儿，

说明猎人经验丰富，并且胸有成竹。

不慌不忙：不慌张，不忙乱。形容态度镇定，或办事稳重、踏实。

经验丰富的猎人在根据狐狸的脚印推测它的行踪。

然后套上滑雪板，沿着脚印一直向前滑着，一路紧盯着脚印观察。他一会儿钻进灌木丛，一会儿又钻出来，接着滑到了一片小树林边，又不慌不忙地围着小树林滑了一圈。

随后，他从林子里头钻出来，就以最快的速度滑回了村庄。他乘着滑雪板，好像在雪地上尽情飞翔。

说明塞索伊奇观察脚印十分仔细。

冬季的白天十分短暂，他用在察看脚印上的时间，就足足有两小时。

但是，塞索伊奇已经暗暗下定决心，今天一定要捉住这只狐狸。

现在，他走向我们这里另外一个猎人谢尔盖家。谢尔盖的母亲从小窗里一看到他，就走了出来，先行站在了门口，并且开口告诉他："我儿子没在家。他也没对我说要去哪儿。"

说明老太太不欢迎塞索伊奇。

塞索伊奇明白老太太没说真话，但他只是笑了笑，说道："你不知道，可我知道他正在安德烈家里呢。"

随后，塞索伊奇果真在安德烈家里找到了两位年轻猎人。

可是，他刚一进屋，他们立马不再谈话，并且显出十分不安的样子。即使这样，也掩饰不了什么。谢尔盖甚至还欲盖弥彰地从板凳上站起来，试图用自己的身子遮住身后的大卷轴。

"行啦，年轻人，别再遮掩了，我都知道了。"塞索伊奇开门见山，"昨天夜里，星火农场里的一只鹅被狐狸偷走了，而且我还知道现在狐狸躲在哪儿。"

听了这话，两个年轻猎人不禁有些吃惊。刚刚半个钟头前，谢尔盖在

欲盖弥彰：
盖：遮掩；弥：更加；彰：明显。想掩盖坏事的真相，结果反而更明显地暴露出来。

附近碰到一个星火农场里的熟人，听他说就在昨夜，他们村庄养的一只鹅被狐狸给拖走了。谢尔盖听说后，首先通知了他的好友安德烈。他俩正在商量怎么找那只狐狸，怎么先下手为强把它逮住，免得被塞索伊奇给抢了先。谁知道说曹操，曹操就到了，而且他还全知道了。

半晌，安德烈才打破了沉默："究竟是哪个多嘴的娘们

燕子姐姐和你一起分享

解释了谢尔盖掩饰的原因。

ér bǎ xiāo xi tòu lù gěi nǐ de
儿把消息透露给你的？"

sāi suǒ yī qí yī shēng lěng xiào shuō nà xiē
塞索伊奇一声冷笑，说："那些

duō zuǐ de niáng men er yī bèi zi yě nòng bu dǒng zhè xiē shì
多嘴的娘们儿一辈子也弄不懂这些事

er wǒ shì cóng hú li liú xià de jiǎo yìn kàn chu lai de
儿。我是从狐狸留下的脚印看出来的。

xiàn zài wǒ gào su nǐ men zhè shì zhī lǎo gōng hú li
现在，我告诉你们：这是只老公狐狸，

tā jiǎo yìn tǐng dà ér qiě yuán yuán de yìn de qīng qīng
它脚印挺大，而且圆圆的，印得清清

chǔ chǔ suǒ yǐ tā gè tóu er yě yīng gāi hěn dà zǒu
楚楚，所以它个头儿也应该很大，走

qǐ lù lai bù xiàng xiǎo hú li men nà yàng hú luàn cǎi xuě
起路来不像小狐狸们那样胡乱踩雪。

tā tuō zhe yī zhī é cóng xīng huǒ nóng chǎng chū lái tuō
它拖着一只鹅，从星火农场出来，拖

dào yī chù guàn mù cóng li bǎ é chī guāng le wǒ yǐ
到一处灌木丛里，把鹅吃光了。我已

jīng zhǎo dào nà ge dì fang le zhè zhī gōng hú li hěn jiǎo
经找到那个地方了。这只公狐狸很狡

huá shēn zi pàng máo pí hòu nà zhāng pí hěn guì
猾，身子胖，毛皮厚，那张皮很贵。"

xiè ěr gài hé ān dé liè bǐ cǐ shǐ le gè yǎn sè
谢尔盖和安德烈彼此使了个眼色。

zěn me nán dào zhè xiē dān píng jiǎo yìn jiù kě
"怎么？难道这些单凭脚印就可

yǐ duàn dìng ma
以断定吗？"

dāng rán luo rú guǒ zhè shì yī zhī shòu hú li
"当然咯！如果这是一只瘦狐狸，

chī de bàn jī bù bǎo de nà tā shēnshang de máo pí jiù
吃得半饥不饱的，那它身上的毛皮就

塞索伊奇根据狐狸的脚印推断出狐狸的信息，表现出他的经验丰富。

暗示着他们俩不如塞索伊奇经验丰富。

47

解释了塞索伊奇推断的过程。

又薄又没有光泽。可是老狐狸呢，生性狡猾，总是吃得饱饱的，养得肥肥的，它的毛皮又厚又硬、漆黑油光。那张皮一定值很多钱！饱狐狸和饿狐狸的脚印也不一样：饱狐狸走起路来步子轻松，好像猫儿一样灵巧，后脚踩在前脚的脚印上，一步是一步，整整齐齐的一行。你们可知道，在列宁格勒毛皮收购站，人家会出大价钱抢着买那样的一张毛皮呢！"

塞索伊奇的话说完了。谢尔盖和安德烈又彼此使了个眼色，然后一起走到墙角，小声耳语了一会儿。

说明他们俩已经被塞索伊奇的话打动了。

随后，安德烈对塞索伊奇说："好吧，塞索伊奇，你干脆直说吧，是不是来找我们合作的呢？我们没意见啊！你瞧，其实我们也听到了风声，这不，连小旗都准备好了。我们本来想赶到你前面的，可是没赶成。那么就一言为定，咱们合作吧！"

"第一次围攻，打死算你们的。"小个子猎人大大方方地说，"如果让它逃脱，就甭想再来第二次围攻了。这只老狐狸应该不是我们本地的，只是路过这里，因为咱们本地的狐狸，没这么大个儿的。它听见一声枪响，就会逃得无影无踪，一时半会儿别想找到它。小旗子也最好不要带去了——老狐狸可狡猾着哩！它大概被人围猎了许多回，每回都跑掉了。"

可是，两个年轻的猎人坚持要带小旗子。他们说，还是带着旗子稳妥些。

"好吧！"塞索伊奇点了点头，"你们想怎么办，就怎么办！行动吧，

一言为定：一句话说定了，不再更改。比喻说话算数，决不反悔。

无影无踪：踪：踪迹。没有一点踪影。形容完全消失，不知去向。

塞索伊奇妥协，表现出他的宽厚大度。

nián qīng rén
年轻人！"

xiè ěr gài hé ān dé liè lì kè zhǔn bèi qǐ lai
谢尔盖和安德烈立刻准备起来，

qián chū liǎng gè juǎn xiǎo qí er de dà juàn zhóu shuān zài xuě
捎出两个卷小旗儿的大卷轴，拴在雪

qiāo shang chèn zhè gōng fu sāi suǒ yī qí pǎo huí jiā yī
橇上。趁这工夫，塞索伊奇跑回家一

tàng huàn le tào yī shang shùn biàn yòu zhǎo lái wǔ gè nián
趟，换了套衣裳，顺便又找来五个年

qīng de zhí gōng jiào tā men bāng máng gǎn wéi
轻的职工，叫他们帮忙赶围。

zhè sān gè liè rén dōu zài duǎn pí dà yī wài miàn tào
这三个猎人都在短皮大衣外面套

shàng le huī zhào shān
上了灰罩衫。

wǒ men zhè shì qù dǎ hú li kě bù shì dǎ
"我们这是去打狐狸，可不是打

tù zi zài bàn dào shang sāi suǒ yī qí jiào dǎo tā
兔子。"在半道上，塞索伊奇教导他

men shuō tù zi shì yǒu diǎn er hú li hú tu de kě
们说，"兔子是有点儿糊里糊涂的，可

shì hú li ne xiù jué yào bǐ tù zi de líng de duō
是狐狸呢，嗅觉要比兔子的灵得多，

yǎn jing yě mǐn ruì zhǐ yào tā kàn chū yī diǎn er bù duì
眼睛也敏锐。只要它看出一点儿不对

tóu lai mǎ shàng jiù táo de wú yǐng wú zōng
头来，马上就逃得无影无踪。"

dà jiā pǎo de hěn kuài hěn kuài jiù dào le hú li
大家跑得很快，很快就到了狐狸

cáng shēn de xiǎo shù lín yī huǒ rén fēn sàn kāi lái gǎn
藏身的小树林。一伙人分散开来：赶

wéi de rén zhàn hǎo le dì fang xiè ěr gài hé ān dé liè
围的人站好了地方；谢尔盖和安德烈

带了卷轴，往左绕着小林子走，一边走一边挂起小旗儿来；而塞索伊奇则带了另外一个卷轴往右走。

"你们可注意仔细看，"分手以前，塞索伊奇再次提醒他们，"看看有没有走出树林的脚印，别弄出声响。老狐狸狡猾着呢！它只要听到一点儿动静，马上就会采取行动。"

过了一会儿，三个猎人在小树林那边会合。

"一切就绪，"谢尔盖和安德烈回

燕子姐姐和你一起分享

塞索伊奇向年轻人们传授经验。

和你一起分享

说明狐狸还在林子里。

答，"我们仔细检查过了，没有走出林子的脚印。"

"我也没看见。"

他们留下一段通道，有150来步宽，这里没挂小旗子。塞索伊奇叮嘱两个年轻的猎人他们最好站在什么地方守候，他自己又踏上滑雪板，悄悄地滑回赶围的人们那儿去。

过了半个钟头，围猎开始了。六

和你一起分享

写出了猎人围猎狐狸的场景。

个人分散开来，形成一道半圆形的狙击线，朝小树林里包抄过去，不住地互相低声呼应，还用木棒敲树干。塞索伊奇走在中间，不时地指挥这道狙击线。

伴你一起欣赏

无声无息：没有声音，没有气味。比喻没有名声，不被人知道。

林子里悄无声息。人擦过树枝时，从树枝上无声无息地落下一团团软绵绵的积雪。

塞索伊奇紧张地等待两个青年猎人的枪声，虽然这两人是他的老搭档，可他还是有些担心。这里很少有那样的公狐狸，对此，经验丰富的老猎人深信不疑。如果错过这次机会，那以后再也碰不到这样的狐狸了。

他已经走到了小树林中间，可还没有听见枪声。

"怎么回事？"塞索伊奇一面从树干间走了过去，一面提心吊胆地想，"狐狸早就该蹿上通道了。"

现在，走到树林边了。安德烈和谢尔盖从他们躲藏的那几棵小云杉树后走了出来。

"没有吗？"塞索伊奇问道，他不再压低声音了。

"没瞧见。"

塞索伊奇对包围线产生了怀疑。

xiǎo gè zi liè rén yī jù huà yě méi shuō jiù wǎng huí
小个子猎人一句话也没说就往回

pǎo tā yào qù jiǎn chá yī xià bāo wéi xiàn
跑，他要去检查一下包围线。

wèi dào zhè er lái jǐ fēn zhōng hòu
"喂，到这儿来！"几分钟后，

chuán lái le tā qì hū hū de shēng yīn
传来了他气呼呼的声音。

dà jiā dōu zǒu dào tā gēn qián lái le
大家都走到他跟前来了。

nǐ men hái shi zhuī zōng shòu jì de liè rén ne
"你们还是追踪兽迹的猎人呢！"

xiǎo gè zi è hěn hěn de dèng zhe nián qīng liè rén cóng yá
小个子恶狠狠地瞪着年轻猎人，从牙

fèng li jǐ chū zhè me yī jù huà nǐ men kàn zhè
缝里挤出这么一句话，"你们看，这

shì shén me hái shuō méi yǒu chū lín zi de jiǎo yìn
是什么？还说没有出林子的脚印！"

异口同声：不同的嘴说出相同的话。指大家说得都一样。

zhè shì tù zi de jiǎo yìn xiè ěr gài hé ān
"这是兔子的脚印。"谢尔盖和安

dé liè yì kǒu tóng shēng de huí dá wǒ men zěn me huì
德烈异口同声地回答，"我们怎么会

bù zhī dào ne gāng cái wǒ men bāo wéi de shí hou jiù kàn
不知道呢？刚才我们包围的时候就看

jiàn le
见了。"

nǐ men zhè liǎng gè shǎ guā nà tù zi jiǎo yìn
"你们这两个傻瓜，那兔子脚印

lǐ tou ne tù zi jiǎo yìn lǐ tou shì shén me wǒ zǎo
里头呢，兔子脚印里头是什么？我早

jiù gēn nǐ men shuō guo le zhè zhī hú li kě jiǎo huá le
就跟你们说过了，这只狐狸可狡猾了。"

zài tù zi cháng cháng de hòu jiǎo yìn li yǐn yǐn yuē
在兔子长长的后脚印里，隐隐约

约可以看出，还有另一种野兽的脚印——比兔子的后脚印圆一些，短一些。两个年轻猎人琢磨了半天才恍然大悟。

"狐狸为了掩饰自己的脚印，常常踩着兔子脚印走，你们连这个都不知道？"塞索伊奇一个劲儿发火，"你们看，它一步是一步，步步都踩在兔子的脚印上。你们两个没长眼睛啊！就是因为你们，白浪费多少时间！"

塞索伊奇吩咐把小旗子留在原来的地方，自己先沿着脚印跑去了。其余的人都默默地紧跟在他后面。

进了灌木丛，狐狸脚印就跟兔子脚印分开了。这行脚印很清晰，只是绕来绕去的，狡猾的狐狸绕了好多鬼花样，他们沿着这样的脚印走了好半天。

恍然大悟：恍然：猛然清醒的样子；悟：心里明白。形容一下子明白过来。

表现出狐狸的狡猾和仔细。

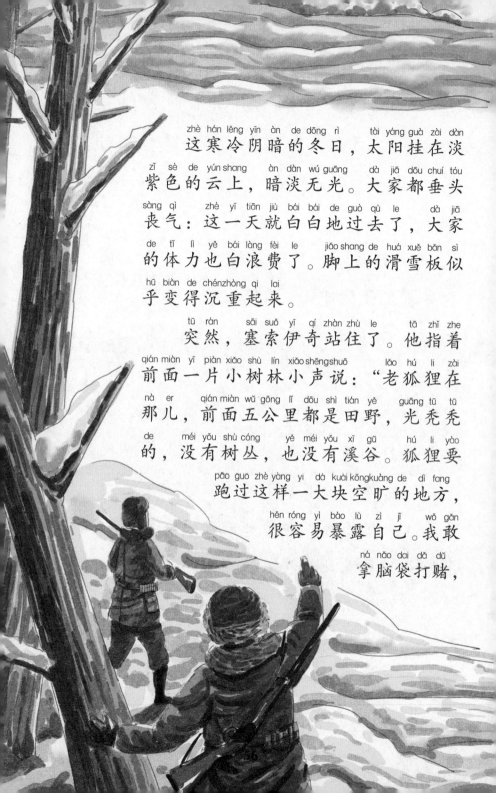

这寒冷阴暗的冬日，太阳挂在淡紫色的云上，暗淡无光。大家都垂头丧气：这一天就白白地过去了，大家的体力也白浪费了。脚上的滑雪板似乎变得沉重起来。

突然，塞索伊奇站住了。他指着前面一片小树林小声说："老狐狸在那儿，前面五公里都是田野，光秃秃的，没有树丛，也没有溪谷。狐狸要跑过这样一大块空旷的地方，很容易暴露自己。我敢拿脑袋打赌，

tā jiù zài nà er
它就在那儿。"

liǎng gè nián qīng liè rén yī xià zi dōu tí qǐ jīng shen
两个年轻猎人一下子都提起精神

lai　　fàng xià jiān shang de qiāng
来，放下肩上的枪。

sāi suǒ yī qí fēn fù ān dé liè hé sān gè gǎn wéi
塞索伊奇吩咐安德烈和三个赶围

rén cóng xiǎo shù lín yòu miàn bāo chāo guo qu　　xiè ěr gài hé
人从小树林右面包抄过去，谢尔盖和

liǎng gè gǎn wéi rén cóng xiǎo shù lín zuǒ miàn bāo chāo guo qu
两个赶围人从小树林左面包抄过去。

dà jiā tóng shí zǒu jìn le xiǎo shù lín
大家同时走进了小树林。

dèng tā men zǒu le yǐ hòu　　sāi suǒ yī qí zì jǐ
等他们走了以后，塞索伊奇自己

qiāo qiāo de liū dào lín zi zhōng jiān　　tā zhī dào　　nà er
悄悄地溜到林子中间。他知道，那儿

shì yī xiǎo kuài kòng dì　　lǎo hú li jué bù huì dāi zài zhè
是一小块空地。老狐狸绝不会待在这

méi zhē yǎn de dì fang　　dàn shì　　bù lùn tā cóng nǎ ge
没遮掩的地方。但是，不论它从哪个

fāng xiàng jīng guò xiǎo shù lín　　dōu yī dìng huì zǒu guo zhè kuài
方向经过小树林，都一定会走过这块

kòng dì
空地。

zài zhè kuài kòng dì dāngzhōng　　yǒu yī kē gāo dà mào
在这块空地当中，有一棵高大茂

mì de yún shān　　páng biān yǒu yī kē yún shān shù kū sǐ le
密的云杉。旁边有一棵云杉树枯死了，

dǎo zài tā nà cū dà mào mì de shù zhī shang
倒在它那粗大茂密的树枝上。

kòng dì zhōu wéi zhǐ yǒu yī xiē ǎi xiǎo de yún shān
空地周围只有一些矮小的云杉，

说明他们现在对塞索伊奇的判断深信不疑。

说明塞索伊奇经验丰富，思虑周到。

再就是光秃秃的白杨和白桦。塞索伊奇突然想到一个主意，那就是顺着倾倒的枯云杉树爬到大云杉树上去。这样，居高临下，不管老狐狸往哪儿跑，都可以看得见。

但是，这位老练的猎人转念一想：在他爬树的工夫，狐狸有可能就会跑掉了。而且，从树上放枪，也不方便。于是，他放弃了这个念头。

于是塞索伊奇在云杉树旁停住脚步，站到两棵小云杉之间的一个树桩上，扳起双筒枪的枪机，向四周仔细张望。

赶围人从四面八方遥相呼应着。

塞索伊奇确信：那只非常值钱的狡猾的老狐狸一定在这儿，就在他不远的地方，而且随时都可能现身。突

居高临下：
居：站在，处于；
临：面对。占据
高处，俯视下
面。形容占据的
地势非常有利。

遥相呼应：
遥：远远地；应：
照应。远远地
互相联系，互
相配合。

然，他打了个冷战，一团棕红色的毛皮在树干间闪过，径直蹿到毫无遮掩的空地上去了，塞索伊奇差点儿就开枪了。不能开枪：那不是狐狸，而是一只兔子。兔子惊惶地抖动着长长的耳朵，在雪地上坐了下来。

四面八方的人声越来越近了。兔子跳进了密林，逃得无影无踪。塞索伊奇又集中全部注意力，继续等待着。突然，从右边传来一声枪响。打死了，还是打伤了？从左边传来了第二声枪响。塞索伊奇放下了枪。他心想：不是谢尔盖，就是安德烈，反正总有一个人把狐狸打死了。过了不大一会儿，赶围人走到空地上来了。谢尔盖和他们在一起，一脸尴尬的样子。

"没打中？"塞索伊奇脸色阴郁

狐狸没出来，出来一只兔子，为下文埋下伏笔。

说明塞索伊奇很信任他们俩。

地问。

"在灌木后头，没打到……"

"你呀……"

"看，这儿！"从背后传来安德烈嘻嘻哈哈的声音，"没逃走啊！"

年轻的猎人走过来，把一只打死的兔子扔在塞索伊奇脚下。塞索伊奇张了张嘴巴，没有说话。赶围的人看着这三个猎人，感到莫名其妙。

"好啊！运气不错啊！"塞索伊

<sup>qí zhōng yú píng jìng de shuō</sup> 奇终于平静地说，<sup>xiàn zài</sup>"现在，<sup>dà jiā dōu huí</sup>大家都回<sup>qù ba</sup>去吧！"

<sup>hú li ne</sup>"狐狸呢？"<sup>xiè ěr gài wèn</sup>谢尔盖问。

<sup>nǐ kàn jiàn guo hú li le ma</sup>"你看见过狐狸了吗？"<sup>sāi suǒ yī</sup>塞索伊<sup>qí fǎn wèn</sup>奇反问。

<sup>méi yǒu</sup>"没有，<sup>méi kàn jiàn</sup>没看见。<sup>wǒ dǎ de yě shì tù</sup>我打的也是兔<sup>zi</sup>子，<sup>zài guàn mù hòu miàn</sup>在灌木后面，<sup>nà yàng</sup>那样……"

<sup>sāi suǒ yī qí bǎi le bǎi shǒu</sup>塞索伊奇摆了摆手，<sup>shuō</sup>说："<sup>wǒ kàn</sup>我看<sup>jiàn hú li bèi shān què zhuā dào tiān shàng qù le</sup>见狐狸被山雀抓到天上去了。"

<sup>dà jiā zǒu chū le kòng dì</sup>大家走出了空地，<sup>xiǎo gè zi liè rén dú</sup>小个子猎人独<sup>zì là zài hòu miàn</sup>自落在后面。<sup>cǐ shí</sup>此时，

天还没有黑下来，雪地上的脚印还清晰可见。

塞索伊奇绕着空地慢慢走了一周，走几步，停一停。狐狸和兔子进入空地的脚印，清晰地印在雪地上，塞索伊奇仔细察看着狐狸脚印。不对，狐狸其实没有一步一步地踩着自己原来的脚印往回走，狐狸也没有这样的习惯。出了这块空地，脚印就完全消失，没看见兔子，也没看见狐狸。

塞索伊奇走到小树桩前，坐了下来，双手捧着头思索着。突然，一个很简单的想法在他的脑海中闪过：有可能这只狐狸在空地上打了一个洞，躲进去了。这一点，刚才猎人根本没想到。塞索伊奇抬头看看，可天已经黑了。在黑暗里找不到这个狡猾的畜

**燕子姐姐和你一起分享**

塞索伊奇还没有放弃，试图从脚印中找出狐狸的行踪。

**燕子姐姐和你一起分享**

塞索伊奇想到了一种可能性。

牲。塞索伊奇只好回家去了。

野兽有时会给人一些非常难猜的谜语，有些人就被那种谜语难住了。塞索伊奇可不是这种人。即使是自古以来民间传说中以狡猾著称的狐狸，也难不住他。

狐狸来衬托塞索伊奇的聪明。

第二天早晨，小个子猎人又来到昨天狐狸失踪的那块空地上。现在，有狐狸出空地的脚印了。

塞索伊奇沿着脚印走去，想找到他要找的狐狸洞。但是，狐狸的脚印把他一直领到空地中央来了。一行清晰整齐的脚印洼通向倾倒的枯云杉树，

前文中他曾想爬上去的那棵树，狐狸就在树上。

顺着树干上去，在茂盛的大云杉树的密密针叶之间消失了。那儿离地约八米高，有一根粗树枝上面一点儿积雪也没有：积雪被一只在这里睡过的野

shòu cā diào le
兽擦掉了。

yuán lái zuó tiān sāi suǒ yī qí zài zhè er shǒu hòu
原来，昨天塞索伊奇在这儿守候

lǎo hú li de shí hou zhè zhī jiǎo huá de lǎo hú li jiù
老狐狸的时候，这只狡猾的老狐狸就

tǎng zài tā de tóu shàngmiàn rú guǒ hú li zhè zhǒngdòng wù
躺在他的头上面。如果狐狸这种动物

huì xiàng rén yī yàng xiào de huà tā yī dìng huì cháo xiào xiǎo
会像人一样笑的话，它一定会嘲笑小

gè zi liè rén de
个子猎人的。

bù guò jīng lì guo zhè jiàn shì qing yǐ hòu sāi
不过，经历过这件事情以后，塞

suǒ yī qí jiù què xìn jì rán hú li huì shàng shù nà
索伊奇就确信：既然狐狸会上树，那

tā men xīn lǐ yě yī dìng huì xiào ér qiě huì xiào
它们（心里）也一定会笑，而且会笑

de hěn tòng kuài
得很痛快。

表现出狐狸的狡猾和塞索伊奇的懊恼。

dì èr tiān zǎo shang
# 第二天早上

qīng chén tiān gāng mēng mēng liàng cūn zhuāng li de
清晨，天刚蒙蒙亮，村庄里的

liǎng zhī duì wu jiù chū fā le
两支队伍就出发了。

qí zhōng yī duì rén shù bǐ jiào shǎo dōu shì pèi dài
其中一队人数比较少，都是佩带

qiāng zhī de liè rén tā men dōu chuān zhe huī sè cháng páo
枪支的猎人，他们都穿着灰色长袍。

简要介绍时间背景，引出下文。

之所以穿灰衣裳，是因为冬季其他颜色的衣裳在树林里都太显眼。他们围着树林走了一圈，把绳子上的小旗子悄悄地解了下来，然后在灌木丛后分散开，排成一个长蛇阵。

　　另外一队则是农场职工，这组人数比较多。他们手里拿着木棒，先在田里面等着。直到听到指挥员的号令，他们才一起边吼边喊走进树林。他们在树林里一边走，一边彼此高声呼应，还不停地用木棒敲击树干。

说明冬季的树林里灰色最不显眼。

# 森林电台

注意！注意！

这里是位于列宁格勒的《森林报》编辑部。

今天是12月22日，一年一度的冬至日。我们在这里对全国各地进行今年最后一次无线电播报。

下面我们邀请苔原、草原、森林、沙漠、山峰、海洋来共同参与这次播报。

现在正值严冬时分，今天又是一年里白天最短、夜晚最长的一天。请各位跟我们讲一讲，你们那儿现在正在发生什么事。

喂！喂！

这里是北冰洋极北群岛。

燕子姐姐
和你一起分享

说明冬至是一年中白天最短，夜晚最长的一天。

wǒ men zhè er zhèng shì yī nián li yè wǎn zuì cháng de
我们这儿正是一年里夜晚最长的
shí hou tài yáng yǐ jīng zàn shí xiàng wǒ men gào bié chén
时候。太阳已经暂时向我们告别，沉
dào dà hǎi de duì miàn qù le zài xià gè chūn tiān dào lái
到大海的对面去了，在下个春天到来
zhī qián tā shì bù huì zài chū lái fǔ kàn dà dì le
之前，它是不会再出来俯瞰大地了。

燕子姐姐和你一起分享

说明在北冰洋冬至之后到春天之前的这段时间都只有夜晚没有白天。

wǒ men zhè lǐ dào chù shì bīng tiān xuě dì bīng xuě
我们这里到处是冰天雪地，冰雪
fù gài zhe dǎo yǔ fù gài zhe tái yuán fù gài zhe hǎi yáng
覆盖着岛屿，覆盖着苔原，覆盖着海洋。

xiàn zài hái yǒu shén me dòng wù néng liú xia lai guò
现在，还有什么动物能留下来过
dōng ne
冬呢？

zài běi bīng yáng de bīng miàn zhī xià jū zhù zhe hǎi bào
在北冰洋的冰面之下居住着海豹。
tā men chèn bīng miàn hái méi dòng sǐ de shí hou jiù zài bīng
它们趁冰面还没冻死的时候，就在冰
miànshang gěi zì jǐ záo le gè tōng qì kǒng bìng zài zhěng gè
面上给自己凿了个通气孔，并在整个
dōng tiān li jìn lì shǐ zhè xiē xiǎo kǒng bǎo chí chàngtōng yī
冬天里尽力使这些小孔保持畅通，一
dàn yǒu bīng bǎ tōng qì kǒng fù zhù tā men huì lì mǎ yòng
旦有冰把通气孔覆住，它们会立马用
zuǐ jiāng kǒng dǎ tōng hǎi bào tōng guò zhè xiē xiǎo kǒng lái hū
嘴将孔打通。海豹通过这些小孔来呼
xī wài miàn de xīn xiān kōng qì ǒu ěr tā men yě huì pá
吸外面的新鲜空气，偶尔它们也会爬
chū bīng dòng dào bīng shàngmiàn lái xiū xi yī huì er dǎ
出冰洞，到冰上面来休息一会儿，打
gè dǔn er
个盹儿。

燕子姐姐和你一起分享

冰面下居住的海豹会把冰面凿通。

说明母白熊是需要冬眠的。

此时，会有公白熊偷偷走向它们。跟母白熊不一样，公白熊是不冬眠的，它们不需要钻到冰窟窿里睡一个冬天。

在苔原的雪面之下居住着一种长着短尾巴的旅鼠，它们喜欢在雪地里挖出一条一条的小道，冬天就靠吃那些覆盖在雪里的细草茎为生。而那些长着雪白皮毛的北极狐就可以靠鼻子追踪它们，找到它们，并把它们从雪底下挖出来。

轻而易举：
轻：轻松；举：向上托。很轻松很容易地举起来。形容做事情毫不费力。

北极狐还喜欢吃一种野禽——苔原雷鸟。当这种鸟儿躲在雪里睡大觉的时候，对那些具有灵敏嗅觉的小狐狸来说，趁这个时候悄悄逮住它们简直就是轻而易举的事情。

这儿总是夜晚，总是漆黑一片。

没有太阳，我们怎么能看见东西呢？

原来，即使我们这儿没有太阳，往往也挺亮。第一，该有月亮的时候，就皓月当空，月明如洗；第二，我们这里的天空上总是闪烁着北极光。这种神奇的光变幻莫测、五颜六色，时而像条飘动飞舞的宽带子似的，沿着北极方向的天空铺展开来，时而像瀑布似的直泻而下，时而又像银柱子或像柄剑似的高高耸起。最洁净无瑕的白雪，在北极光的映照下显出夺目的银色，光芒耀眼。此时，世界亮得如同白昼一样。

天冷吗？是的，冷得要命。狂风怒吼，暴雪横飞。那可怕的狂风暴雪猛烈地吹着，会把我们的房子都埋进雪堆里。有时大雪会把我们关在屋子里，一连六七天也没办法出门。不

变幻莫测：
变幻：变化不可测度。变化很多，不能预料。

说明即使没有太阳，这里也像白昼一样明亮。

说明人类的探险,科研精神克服了寒冷。

过,我们苏联人是勇敢自信的。我们一年比一年深入北冰洋北部,伟大的苏维埃北极探险队员甚至早已在研究北极了。

这里是顿巴斯草原。

现在,我们这儿下起了小雪。当然,这对我们来说无所谓,我们这里的冬季不算长,而且也不会冷得可怕,甚至有些河流都没有被冰封起来。许

说明草原上的气候比较温暖。

多从寒冷地方飞来的野鸭到了这儿,就不想再往南飞了。从北方飞到我们这儿来的秃鼻乌鸦,在各处市镇上、城市里逗留。它们在这儿有的是吃不完的东西,可以一直待到3月中旬,然后飞回故乡去。

选择到我们这儿过冬的,还有许多从苔原地飞过来的小朋友,其中有

xuě wú yòu jiào tiě zhuǎ wú jiǎo bǎi líng gè tóu
雪鸮（又叫铁爪鸮）、角百灵、个头

jiào dà de bái sè xuě wú shēng huó zài zhè lǐ de xuě wú
较大的白色雪鸮。生活在这里的雪鸮

huì shì yìng zài bái tiān jiù chū lái mì shí rú guǒ bù zhè
会适应在白天就出来觅食，如果不这

yàng de huà tā jiù méi bàn fǎ xí guàn xià tiān de tái yuán
样的话，它就没办法习惯夏天的苔原

shēng huó le yīn wèi xià tiān tái yuán shang zhǐ yǒu bái
生活了，因为，夏天苔原上只有白

tiān méi yǒu hēi yè
天，没有黑夜。

说明飞来过
冬的鸟类很多。

mángmáng cǎo yuán dào chù dōu fù gài zhe wú xiá de bái
茫茫草原到处都覆盖着无瑕的白

xuě dōng tiān dì li méi shén me nóng huó dàn shì zài
雪，冬天地里没什么农活。但是，在

dì dǐ xia wǒ men de huó er kě shì bù shǎo ne rén
地底下，我们的活儿可是不少呢：人

men zhèng zài shēn yōu yōu de kuàng jǐng li máng huó zhe yòng jī
们正在深幽幽的矿井里，忙活着用机

qì wā jué méi kuàng ne wā chu lai de méi huì yòng diàn lì
器挖掘煤矿呢。挖出来的煤会用电力

shēng jiàng jī sòng dào dì miàn rán hòu yòu tōng guò huǒ chē yùn
升降机送到地面，然后又通过火车运

shū dào quán guó gè dì dà dà xiǎo xiǎo de gōng chǎng li qù
输到全国各地大大小小的工厂里去。

说明草原
下有着丰富的
煤石资源。

zhè lǐ shì xīn xī bó lì yà dà sēn lín
这里是新西伯利亚大森林。

sēn lín li de xuě yǐ jīng jī de hěn gāo le liè
森林里的雪已经积得很高了。猎

rén men huì chuān shàng huá xuě bǎn chéng qún jié duì de lái dào
人们会穿上滑雪板，成群结队地来到

dà sēn lín li bǔ liè tā men gǎn zhe yī liàng liàng qīng xíng
大森林里捕猎。他们赶着一辆辆轻型

简单介绍了北极犬的外貌。

xuě qiāo，xuě qiāo shang tōng cháng dōu huì zài shàng xǔ duō chī de
雪橇，雪橇上通常都会载上许多吃的

hé yì xiē shēng huó bì xū pǐn　hǎo duō liè gǒu fēi kuài de
和一些生活必需品。好多猎狗飞快地

pǎo zài xuě qiāo qián miàn　zhè xiē liè gǒu yī bān dōu shì běi
跑在雪橇前面，这些猎狗一般都是北

jí quǎn　tā men de jiān ěr duo zhí lì zhe　péng sōng de
极犬，它们的尖耳朵直立着，蓬松的

wěi ba xiàng shàng juǎn qū zhe
尾巴向上卷曲着。

dà sēn lín li yǒu hěn duō xiǎo yě shòu　qí zhōng bāo
大森林里有很多小野兽，其中包

kuò zhǎng zhe dàn lán sè pí máo de huī shǔ　xī yǒu de hēi
括长着淡蓝色皮毛的灰鼠，稀有的黑

diāo　zhǎng zhe hòu máo de shē lì　tù zi　gè tóu hěn
貂，长着厚毛的猞猁、兔子，个头很

dà de mí lù　zōng huáng sè de jī diāo　jī diāo máo kě
大的麋鹿，棕黄色的鸡貂（鸡貂毛可

yǐ zhì zuò shàng děng de huà bǐ　xuě bái de bái yòu
以制作上等的画笔）；雪白的白鼬。

yǐ qián shā huáng chuān de pí dǒu
以前沙皇穿的皮斗

péng cháng cháng jiù shì yòng bái
篷常常就是用白

yòu pí zuò de
鼬皮做的，

现在人们通常把白鼬皮做成孩子戴的帽子。这里还有那些数不尽的红色火狐和棕黄色玄狐，美味可口的榛鸡和松鸡。

熊已经在它那隐秘的熊洞里开始漫长的冬眠了。

猎人们在大森林里打猎常常一住就是几个月，到了晚上他们就在森林里的小木屋过夜。冬天的白天很短暂，他们一天到晚忙个不停：布网，设陷阱来捕捉各种各样的鸟兽。他们的北极犬就在大森林里东跑西颠，它们东闻闻西看看，帮主人去寻找猎物，比如松鸡、灰鼠、西伯利亚鼬和麋鹿，甚至还有睡意正浓的熊。

一伙伙猎人都赶着载满了猎物的雪橇回家。

燕子姐姐和你一起分享

猎人的生活也很艰苦。

zhè lǐ shì kǎ lā kù mǔ shā mò
这里是卡拉库姆沙漠。

zài chūn tiān hé qiū tiān zhè liǎng gè jì jié li shā
在春天和秋天这两个季节里，沙

mò bìng bù huāng wú　　xiāng fǎn　　nà shí dào chù dōu shì shēng
漠并不荒芜，相反，那时到处都是生

jī bó bó de
机勃勃的。

kě shì　　yī dào xià tiān hé dōng tiān　　shā mò li
可是，一到夏天和冬天，沙漠里

jiù huì biàn de yī piàn sǐ jì le　　xià tiān　　niǎo shòu zài
就会变得一片死寂了。夏天，鸟兽在

huāng mò li zhǎo bu dào rèn hé dōng xi chī　　kù rè ràng suǒ
荒漠里找不到任何东西吃，酷热让所

yǒu shēng wù dōu bù dé bù qū fú　　dōng tiān　　shā mò li
有生物都不得不屈服；冬天，沙漠里

yě shì sǐ jì yī piàn　　ér qiě wú qíng de yán hán ràngshēng
也是死寂一片，而且无情的严寒让生

wù shí zài wú fǎ rěn shòu
物实在无法忍受。

měi dào dōng tiān　　fēi qín fēi guāng　　zǒu shòu táo zǒu
每到冬天，飞禽飞光，走兽逃走，

tā men dōu yuǎn yuǎn de lí kāi le zhè ge yán hán bī rén de
它们都远远地离开了这个严寒逼人的

说明沙漠的
冬天严寒难耐。

dì fang　　zòng rán nán fāng de tài yáng réng rán fēi cháng míng
地方。纵然南方的太阳仍然非常明

mèi　　tā gāo gāo de shēng dào zhè piàn fù gài zhe jī xuě de
媚，它高高地升到这片覆盖着积雪的

wú biān kuàng yě de shàngkōng　　kě shì　　jì méi yǒu fēi
无边旷野的上空，可是，既没有飞

qín　　yě méi yǒu zǒu shòu lái xīn shǎng zhè piàn qíng lǎng tiān kōng
禽，也没有走兽来欣赏这片晴朗天空。

zòng rán tài yáng kě yǐ bǎ jī xuě xiāo róng　　rán ér　　xuě
纵然太阳可以把积雪消融，然而，雪

底下有的只是死气沉沉的沙子。那些乌龟、蜥蜴、蛇和昆虫，甚至连一些热血动物，像老鼠、黄鼠、跳鼠等，都已经深深地藏到沙子下去了；动物们被冻得硬邦邦的，纷纷进入了冬眠。

猛烈的寒风在旷野中任意肆虐，现在没有任何东西能来阻拦它的脚步。冬天，风就成了这片沙漠的主宰。

不过，这种情形应该不会持续太久了。目前，人们正在试图征服这片死寂的荒漠，他们在沙漠里开凿灌溉渠、栽种树木。可以想见，今后即使在夏冬两季，沙漠也会同样生机盎然。

喂！喂！

这里是高加索山区。

在我们这儿，冬天里有冬天也有夏天，夏天里有夏天还有冬天。

沙漠中的动物们到沙下去躲避严寒。

生机盎然：指的是充满生机和活力的，形容生命力旺盛的样子。

奇妙的季节和天气，引人好奇，引起读者阅读兴趣。

我们这儿极高的山峰常年被冰雪覆盖着，像苏联的卡兹别克山、河厄尔布尔士山那样"一览众山小"地直入云霄，甚至夏天灼热的太阳也拿那些山上的积雪和冰岩无可奈何。但是，我们不会向冬天的寒气屈服，这儿有如屏障一样的群山，有百花盛开的谷地和海滨。

冬天，那些野羚羊、野山羊、野绵羊顶多会从山顶被赶到山腰，如果让它们再往下走，那就说什么也做不到了。冬天，即使山上已经下起了大雪，山谷中却仍然是温暖的雨。

我们把在果树园里刚刚采下的橘子、橙子、柠檬交给国家。我们在花园里欣赏盛开着的玫瑰，看着蜜蜂嗡嗡地飞来飞去。在向阳的山坡上，第

说明山区的山上和山下温差非常大。

一批春天之花开放了，有白色带绿心儿的雪花，有黄色的蒲公英。在我们这里，一年四季鲜花常开不谢，母鸡一年四季下蛋，毫不间歇。

说明这里一年四季温暖如春。

冬天，我们这儿的飞禽走兽开始挨饿受冻的时候，它们不需要远走高飞，也不需要远离夏天居住的地方，只要从山顶走下来一点儿，到了半山腰、山脚或者山谷里，就可以解决温饱问题。

解释了鸟兽不需迁移的原因。

我们高加索地区吸引了许多鸟儿到此做客，它们就是那些为了躲避北方严寒而赶到这儿来的客人。我们高加索营救了多少难民，给予了它们多少温暖啊！

到我们这儿来做客的，有苍头燕雀、椋鸟、百灵、野鸭，还有长着长

说明来这里过冬的候鸟种类很多。

长嘴巴的钩嘴鹬。

虽然今天已经是冬至日，是一年之中白昼最短、黑夜最长的一天，可是，明天就是新年了，展示给你的是白天阳光灿烂、夜晚满天星斗。在我们伟大祖国的另一端——北冰洋，我们的朋友们连门都不敢出：那儿狂风横行，暴雪肆虐，严寒吞噬着一切。可是，在我国的这一端，现在出门的时候，我们连大衣都不必穿，穿上薄薄的外套就已经足够暖和了。我们观赏着高耸入云、连绵起伏的群山，看哪，那一弯细细的月牙儿正悬挂在山头万里无云的晴空上。静静碧波里荡漾的海浪，轻轻地拍击着我们脚下的岩石。

这里是黑海。

通过北冰洋的对比更突出表现了这里的温暖。

多美啊，黑海里小小的浪花轻轻敲击着海岸，波涛温柔地微微荡漾，沙滩上的鹅卵石轻轻地晃动着，发出温柔的、朦胧的声音，就像催眠曲那样好听。

天空中一弯细细的新月倒映在黑黝黝的水面上。海上的暴风季节已经走远。那时候，我们的大海也曾经波涛高涨，浊浪滔天，狂风卷起的惊涛骇浪疯狂地拍击着岸边的礁石，远远地飞溅到岸上，轰隆隆哗啦啦地怒吼着。当然，那已经是秋天里的事了。现在到了冬季，暴风已经很少来袭了。

黑海里并没有所谓的严冬，到了冬季也只是海水会稍微变凉，只有北部海岸一带会暂时出现海边结出薄薄冰层的现象。其余的时间里，我们的

燕子姐姐和你一起分享

景物描写渲染出安宁、愉快的气氛。

燕子姐姐伴你一起欣赏

惊涛骇浪：涛：大波浪；骇：使惊怕。汹涌吓人的浪涛。比喻险恶的环境或尖锐激烈的斗争。

各种动物欢快的生活，表现出这里充满生机。

说明到这里过冬的候鸟种类也很多。

dà hǎi yī zhí nà me huān téng què yuè cōng míng huó pō de
大海一直那么欢腾雀跃，聪明活泼的

hǎi tún zài hǎi li wán shuǎ hēi lú cí xǐ huan zài shuǐ zhōng
海豚在海里玩耍，黑鸬鹚喜欢在水中

hū ér qián fú hū ér fēi chū xuě bái de hǎi ōu zài hǎi
忽而潜伏忽而飞出，雪白的海鸥在海

shang fēi lüè ér guò yī nián sì jì hǎi miàn shang zǒng cōng
上飞掠而过。一年四季，海面上总匆

máng lái wǎng zhe yī xiē qì pài de dà xíng qì chuán hé lún
忙来往着一些气派的大型汽船和轮

chuán hái yǒu mó tuō kuài tǐng ǒu ěr zài hǎi miàn shang jí
船，还有摩托快艇偶尔在海面上疾

chí qīng biàn de fān chuán fēi sù huá guo
驰，轻便的帆船飞速滑过。

xǔ duō niǎo er huì fēi dào zhè er lái guò dōng qí
许多鸟儿会飞到这儿来过冬，其

zhōng yǒu qián niǎo qián yā pàng hū hū de qiǎn hóng sè tí
中有潜鸟、潜鸭、胖乎乎的浅红色鹈

hú tā men zuǐ ba xià miàn guà zhe yī gè chéng fàng liè
鹕——它们嘴巴下面挂着一个盛放猎

lái de yú er de dà ròu dài dōng tiān de hǎi yáng bìng bù
来的鱼儿的大肉袋。冬天的海洋并不

huì bǐ xià tiān duō xiē jì mò
会比夏天多些寂寞。

wǒ men zài huí dào liè níng gé lè sēn lín bào
我们再回到列宁格勒《森林报》

biān jí bù
编辑部。

nǐ men kàn zài sū lián quán guó gè dì chūn xià
你们看，在苏联全国各地，春夏

qiū dōng sì gè jì jié shì bù tóng de zhè dōu shì wǒ men
秋冬四个季节是不同的。这都是我们

sū lián de chūn xià qiū dōng dōu shì wǒ men zǔ guó de tè
苏联的春夏秋冬，都是我们祖国的特

zhēng de yī bù fen
征的一部分。

nǐ bù fáng qǐng zì jǐ xuǎn zé hé yì de qù chù
你不妨请自己选择合意的去处，

fǎn zhèng bù lùn nǐ zǒu dào nǎ er yě wú lùn nǐ zài nǎ
反正不论你走到哪儿，也无论你在哪

er dìng jū suǒ dào zhī chù dōu zì yǒu tā de měi miào zhī
儿定居，所到之处都自有它的美妙之

chù hé yī xì liè dú jù jiàng xīn de shè jì nǐ kě yǐ
处和一系列独具匠心的设计。你可以

tàn suǒ zhuī xún hé fā xiàn zǔ guó dà hǎo hé shān li suǒ
探索、追寻和发现祖国大好河山里所

yǒu de xīn qí jǐng sè yǔ fēng fù de wù chǎn zī yuán cóng
有的新奇景色与丰富的物产资源，从

ér cān yù dào jiàn shè gèng jiā měi hǎo de shēng huó zhōng lái
而参与到建设更加美好的生活中来。

zhè shì wǒ men jīn nián dì sì cì yě shì zuì hòu
这是我们今年第四次，也是最后

yī cì miàn xiàng quán guó gè dì de wú xiàn diàn tōng bào xiàn
一次面向全国各地的无线电通报，现

zài dào cǐ jié shù
在到此结束。

zài jiàn zài jiàn
再见！再见！

wǒ men míng nián zài jiàn
我们明年再见！

独具匠心：
匠心：巧妙的
心思。具有独
到的灵巧的心
思。指在技巧
和艺术方面的
创造性。

# 忍饥挨饿月（冬二月）

## 凛冽的寒风

夸张的手法，强调了天气的寒冷。

凛冽的寒风在空旷的田野里飘荡，在光溜溜的白桦树和白杨树间自由飘荡。冷风渗入紧密的羽毛，钻入浓密的皮毛，冻得血液都凝住了。它们既不能蹲在地上，也不能栖在树枝上，脚爪都冻僵了！一定要跑着、跳着、飞着，想尽办法取暖。要是谁有暖和舒适的洞穴或鸟巢，有储满粮食的仓库，谁就能过好日子。它可以吃得饱饱的，蜷缩成一团，好好地睡上一觉。

# 抢夺粮食

一月是非常寒冷的一个月，凛冽的风席卷了整个大地，森林里的动物都不敢出来了，这种天气出来对它们来说是一种煎熬。

这个时候，动物们急需一个暖和的、有着食物的家。可是在这冰冷的森林里，要到哪里找食物呢？

一匹马的尸体在雪地上格外显眼，盘旋在上空的乌鸦很快就发现了。它将自己的同伴叫了过来，准备饱餐一顿。可就在这时，林子里传来"呜……呜……呜……"的叫声。原来雕鸮也发现了这里，它从林子里飞出来将乌鸦赶走了。

为下文做铺垫，引出下文。

交代了事件的起因，马的尸体对冬日森林里的动物来说是难得的食物。

雕鸦刚从马
的身上撕下一块
肉，有一只狐狸走过来了。雕鸦
只有咬着肉飞到树上，狐狸刚吃了
没几口，狼又出现了，狐狸只有躲进
灌木丛，狼独自霸占了马尸，痛快地
吃了起来。

突然，林子里传来一声怪叫。狼
的动作停了下来，它侧耳听了一会儿，
然后急忙跑开了。一只熊从森林里跑
了出来，没有谁敢来与它抢食了。熊
大口地吃着马尸，快到天亮时它才吃
饱离开。

燕子姐姐
和你一起分享

说明熊在
森林里是最厉
害的。

熊走后，狼又溜了出来；等狼吃饱后，狐狸才悄悄走出来；等狐狸吃饱走后，雕鸮才飞过来；雕鸮吃饱飞走后，乌鸦这才来吃。

最终，这具马尸被大家吃得一干二净。

一干二净：形容十分彻底，一点儿也不剩。

# 交嘴鸟的秘密

冬天的时候，因为天气寒冷，住在森林里的居民们都过得很艰难。但这是森林的法则，谁也没法改变。现在，居住在这里的居民只用想着怎么躲避饥饿和寒冷的折磨，安然度过冬天。而其他的事情，例如生养下一代，这样的事它们从不会想。因为自己活下来已经足够辛苦了。

充分表现出冬天动物们生存艰难的状况。

设问句，自问自答引起读者阅读兴趣，引出下文。

yǎng yù xià yī dài zuì hǎo de shí jī shì zài xià tiān
养育下一代最好的时机是在夏天，

yīn wèi nà shí qì wēn shì yí shí wù chōng zú dàn yǒu de
因为那时气温适宜、食物充足。但有的

dòng wù piān piān xuǎn zài dōng tiān yǎng yù xià yī dài wèi shén me
动物偏偏选在冬天养育下一代，为什么

sēn lín de fǎ zé duì tā men lái shuō méi yòng ne yuán lái tā
森林的法则对它们来说没用呢？原来它

men bù jǐn néngzhǎo dào nuǎn huo de dì fang jū zhù ér qiě hái
们不仅能找到暖和的地方居住，而且还

néngzhǎo dào chōng zú de shí wù
能找到充足的食物。

wǒ men de tōng xùn yuán jīng guò xún fǎng zhōng yú zài
我们的通讯员经过寻访，终于在

yī kē lǎo yún shān shù shangzhǎo dào le zhè zhǒngdòng wù de jiā
一棵老云杉树上找到了这种动物的家。

niǎo cháo jiàn zài bèi jī xuě fù gài de shù zhī shang cháo li mǎn
鸟巢建在被积雪覆盖的树枝上，巢里满

mǎn dōu shì yǔ máo hé shòu máo kàn shàng qù tè bié nuǎn huo
满都是羽毛和兽毛，看上去特别暖和，

bèi yǔ máo bāo wéi de shì jǐ gè niǎo dàn
被羽毛包围的是几个鸟蛋。

liǎng tiān zhī hòu tōng xùn yuán yòu lái kàn niǎo cháo li
两天之后，通讯员又来看鸟巢里

de xīn jìn zhǎn zhè shí de tiān qì tè bié lěng jí biàn
的新进展。这时的天气特别冷，即便

突出强调此时天气的寒冷。

chuān zhe hòu hòu de dà yī dài zhe wēn nuǎn de pí mào
穿着厚厚的大衣，戴着温暖的皮帽

zi tōng xùn yuán shǐ zhōng hún shēn fā dǒu dāng tā men rěn
子，通讯员始终浑身发抖。当他们忍

shòu zhe hán fēng pá dào shàngmiàn kàn niǎo cháo shí cháo li de
受着寒风爬到上面看鸟巢时，巢里的

dàn yǐ jīng bù cún zài le qǔ ér dài zhī de shì jǐ zhī
蛋已经不存在了，取而代之的是几只

没有羽毛的小雏鸟，它们正在一脸安详地睡觉。

也许你会问，这么冷的天气，鸟妈妈不怕鸟宝宝冻坏吗？

提出疑问，引出下文。

其实这种鸟并不怕严寒。它们叫作交嘴鸟，在我们列宁格勒，又叫鹦鹉。当然它们并不是鹦鹉，只是因为它们的羽毛十分鲜艳美丽，和鹦鹉一样而得名。它们还和鹦鹉一样，喜欢在细木杆上四处乱窜，爬上爬下。

交嘴鸟并不是完全相同的，只要你留意看，就会发现有的鸟的羽毛是红色的，而且有深有浅，这就是雄交嘴鸟。雌交嘴鸟和幼鸟的羽毛则是黄色和绿色的。

介绍了雄交嘴鸟和雌交嘴鸟的外貌区别。

交嘴鸟与其他鸟不同，当所有鸣禽在春日里选择配偶、搭建房子安定下来时，它们还在满林子里乱飞。你可以看到成群结队的交嘴鸟从这里飞到那里，一直在变换地方，从不停留。而且，不论是什么季节，你都能从交嘴鸟鸟群中发现许多雏鸟。这让人不禁想交嘴鸟是不是在飞行时养育下一代的呢？

答案到底是什么呢？其实秘密就在交嘴鸟的身上，是它的嘴。交嘴鸟的嘴上半片往下弯，下半片往上翘，上下部分交叉，样子很奇怪。这张奇怪的嘴又有什么能力呢？

你想想，要将种子从球果里夹出来，怎么夹才更容易呢？是的，用这张交叉的嘴去夹会更简单。所以，交嘴鸟一直都在寻找球果，哪里球果多，它们就飞往哪里。它们是流浪的鸟群，

燕子姐姐和你一起分享

详细地描绘出交嘴鸟的嘴的样子。

四处流浪。这时，你又要问了，
这个秘密与它们在冬天养育下一
代、唱歌有什么联系？

你再想想，如果它们能在冬
天里找到食物，而且巢里又特别
温暖，它们又不怕寒冷，怎么就
不能在这个时候养育下一代呢？

所以，不惧寒冷，有充足食物
的交嘴鸟不用遵守森林法则，
想在冬天养育下一代就在
冬天养育下一代！

89

交嘴鸟爱吃的球果里含有大量的松脂，松脂能起到防腐作用。就像埃及的木乃伊，就是在人死后往全身涂松脂，然后变成木乃伊。现在，我再来告诉你一个秘密：交嘴鸟在死了之后，尸体不会像其他动物一样很快腐烂。甚至在二十年之后，它们的尸体依旧完好无损。

因为球果里的松脂会渗入它们的皮肤，而交嘴鸟一辈子都只吃球果，吃得越多，体内的松脂越多。最后，它们就相当于被涂上一层松脂了。

## 狗熊的新家

秋天的时候，狗熊在山坡上找到了一个小坑，它把旁边的云杉的树皮

sī xià lai　　rán hòu sī chéng yī tiáo tiáo　　tā jiāng sī suì
撕下来，然后撕成一条条。它将撕碎

de shù pí fàng dào shuǐ kēng li　　rán hòu yòu zài shàngmiàn pū
的树皮放到水坑里，然后又在上面铺

le yī céng tái xiǎn
了一层苔藓。

jiāng kēng li pū hǎo zhī hòu　　gǒu xióng yòu jiāng yī xiē
将坑里铺好之后，狗熊又将一些

xiǎo yún shān kěn dǎo　　rán hòu yòng tā men zài kēngshang dā péng
小云杉啃倒，然后用它们在坑上搭棚

zi　　jiāng yī qiè dōu zhǔn bèi hǎo zhī hòu　　gǒu xióng jiù kāi
子，将一切都准备好之后，狗熊就开

shǐ shuì jiào le
始睡觉了。

狗熊搭窝冬
眠的准备工作。

dàn zhè ge dì fang bìng bù suàn yǐn bì　　yī gè yuè
但这个地方并不算隐蔽，一个月

méi dào　　liè rén jiù fā xiàn le zhè lǐ　　gǒu xióng pīn mìng
没到，猎人就发现了这里。狗熊拼命

táo tuō　　zhè cái jiǎn huí yī tiáo mìng　　shī qù jiā de gǒu
逃脱，这才捡回一条命。失去家的狗

xióng zhǐ hǎo zhǎo gè kòng dì shuì jiào　　dàn liè rén réng bù kěn
熊只好找个空地睡觉。但猎人仍不肯

fàng guo tā　　gǒu xióng zhǐ hǎo zài zhǎo dì fang duǒ qi lai
放过它，狗熊只好再找地方躲起来。

zhè cì　　liè rén bìng méi yǒu zhǎo dào gǒu xióng　　gǒu xióng
这次，猎人并没有找到狗熊。狗熊

duǒ nǎ er qù le ne
躲哪儿去了呢？

设问句，自
问自答，引出
下文。

yuán lái　　tā zhèng zài shù shang shuì jiào ne　　gǒu xióng
原来，它正在树上睡觉呢！狗熊

shuì jiào de zhè kē shù yǒu xiē qí guài　　tā de shù gàn bèi
睡觉的这棵树有些奇怪，它的树干被

fēng chuī duàn le　　dàn shù cún huó xia lai le　　shù de zhī
风吹断了，但树存活下来了。树的枝

和你一起分享

偶然之下形成了一个天然住所。

gàn dōu shēn xiàng tiān kōng dào zhe zhǎng yú shì jiù xíng chéng le
干都伸向天空倒着长，于是就形成了

yī gè dà kēng
一个大坑。

xià tiān de shí hou zhè ge dì fang shì dà diāo de
夏天的时候，这个地方是大雕的

jiā dà diāo zài zhè er pū shàng kū cǎo hé zhī gàn rán
家。大雕在这儿铺上枯草和枝干，然

hòu zài cǐ yǎng yù xiǎo bǎo bao děng dào qiū tiān de shí hou
后在此养育小宝宝，等到秋天的时候，

tā men biàn lí kāi le
它们便离开了。

zhè zhī shī qù jiā de gǒu xióng zhèng hǎo zhǎo dào le zhè
这只失去家的狗熊正好找到了这

ge kōng cháo biàn jiāng tā dàng chéng zì jǐ de xīn jiā ān
个空巢，便将它当成自己的新家，安

rán de shuì zài le lǐ miàn
然地睡在了里面。

## xiǎo mù wū li de rěn què
## 小木屋里的荏雀

伴你一起欣赏

小心翼翼：翼翼：严肃谨慎。本是严肃恭敬的意思。现形容谨慎小心，一点不敢疏忽。

zài rěn jī ái è de yuè li gè zhōng lín zhōng de
在忍饥挨饿的月里，各种林中的

fēi qín zǒu shòu dōu wǎng jū mín de zhù zhái fù jìn còu zài
飞禽走兽都往居民的住宅附近凑。在

zhè lǐ bǐ jiào róng yì zhǎo dào dōng xi tián bǎo dù zi jī
这里比较容易找到东西填饱肚子。饥

è shǐ niǎo shòu zhàn shèng le kǒng jù zhè xiē xiǎo xīn yì yì
饿使鸟兽战胜了恐惧。这些小心翼翼

de lín zhōng jū mín bù zài hài pà rén lèi hēi qín jī
的林中居民，不再害怕人类。黑琴鸡

和灰山鹑会悄悄地溜进打谷场和谷仓。

雪兔跑到村边的干草垛里大吃大嚼……

有一天，我们《森林报》的记者打开

自己住的小木屋的门，竟有一只荏雀

从大门飞了进来。它身上的羽毛是黄

色的，脸颊呈白色，胸脯上还有黑色

条纹。只见它动作轻快地啄食餐桌上

介绍了荏雀的外貌特征。

的食物碎屑，对人毫不畏惧。主人关

上门，于是荏雀被俘了。它在小木屋

里住了整整一个礼拜。虽然没人惊扰

它，但是也没人喂它，它却一天天明

显胖了起来。它整天在屋里打食吃。

它搜寻蟋蟀，搜寻藏在木板缝里的

荏雀在小木屋里生活得很惬意。

苍蝇，捡拾食物碎屑；晚上就钻进俄

式火炕后面的细缝里睡大觉。过了几

天，它把屋子里的苍蝇和蟑螂都吃光

了，就开始啄起面包来。它把所能看

jiàn de yī qiè dōng xi rú shū xiǎo hé zi hé mù sāi
见的一切东西，如书、小盒子和木塞

zi děng dōu zhuó huài le zhè shí fáng zhǔ rén zhǐ hǎo
子等，都啄坏了。这时，房主人只好

dǎ kāi fáng mén bǎ zhè wèi háo bù kè qi de xiǎo kè rén
打开房门，把这位毫不客气的小客人

niǎn le chū qù
撵了出去。

# zhù nǐ chuí diào dōu hěn zhǔn
# 祝你垂钓都很准

dōng tiān jìng rán hái yǒu rén diào yú zhè kě zhēn shi
冬天竟然还有人钓鱼！这可真是

tài xī qí le
太稀奇了！

dōng tiān diào yú de rén hái bù shǎo ne yīn wèi
冬天钓鱼的人还不少呢！因为，

zài dōng tiān jì yú dōng xué yú lǐ yú zǎo zǎo de
在冬天，鲫鱼、冬穴鱼、鲤鱼早早地

原来鱼之中也有冬眠的种类。

jiù dōng mián le kě bìng bù shì suǒ yǒu de yú dōu zhè yàng
就冬眠了，可并不是所有的鱼都这样

lǎn duò hěn duō zhǒng yú dōu zhǐ zài zuì lěng de shí hou
懒惰。很多种鱼，都只在最冷的时候

cái dōng mián shān nián yú yī dōng dōu bù shuì shèn zhì zài
才冬眠；山鲇鱼一冬都不睡，甚至在

dōng tiān hái chǎn xià yú zǐ zài yī yuè èr yuè chǎn luǎn
冬天还产下鱼子，在一月、二月产卵。

fǎ guó rén yǒu jù sú yǔ dōng mián dōng mián bù chī
法国人有句俗语："冬眠冬眠，不吃

yě bǎo bù dōng mián de shì yào chī fàn de yào
也饱。"不冬眠的，是要吃饭的。要

想钓冰底下的鲈鱼，最好、最简便的方式，就是用金属制的鱼形片来钓鲈鱼。可是寻找鲈鱼冬天聚居的地方，是很难的。在陌生的江河湖泊里钓鱼，只好根据一些迹象来判断，方位大概确定了以后，就在冰上凿几个小窟窿，先试试鱼是不是咬钩。

介绍了冬季凿冰钓鱼的方法。

具体特征如下：要是河流是蜿蜒曲折的，那么在陡峭的河岸下，可能会有个比较深的坑。当天气转冷的时候，鲈鱼就会一群一群地游到坑里来。要是有清澈的林中小溪流入江河湖泊，那儿一般在湖口或河口比较低一点儿的地方应该会有一个深坑。芦苇只生长在浅水处；在江河湖泊里，那些自然形成的凹坑一般都在芦苇丛外。必须在凹下去的深坑里寻找鱼儿过冬的

冬天钓鱼要注意水下有深坑的地方。

dì fang
地方。

zài dōng tiān diào yú de rén    yī bān huì yòng tiě chǔ
在冬天钓鱼的人，一般会用铁杵

zài bīng miànshang záo chū yī gè zhí jìng         lí mǐ kuān
在冰面上凿出一个直径20~25厘米宽

de xiǎo dòng    zài xì xiàn huò zōng sī shang de yī tóu shuānshàng
的小洞，在细线或棕丝上的一头拴上

用鱼形金
属片而不是用
鱼饵钓鱼。

yī gè yú xíng jīn shǔ piàn    fàng jìn záo hǎo de bīng kū long
一个鱼形金属片，放进凿好的冰窟窿

li    xiān zhí jiē fàng dào shuǐ dǐ    shì shi shuǐ yǒu duō shēn
里。先直接放到水底，试试水有多深。

zài yòng jí cù de dòng zuò    kāi shǐ lā dòng diào gōu xiàn
再用急促的动作，开始拉动钓钩线，

dàn bù yào zài bǎ diào gōu xiàn chuí dào shuǐ dǐ    yú xíng jīn
但不要再把钓钩线垂到水底。鱼形金

shǔ piàn zài shuǐ li piāo fú zhe    shǎn zhe liàngguāng    hěn xiàng
属片在水里漂浮着，闪着亮光，很像

yī tiáo huó yú    tān xīn de lú yú pà zhè tiáo kě kǒu de
一条活鱼。贪心的鲈鱼怕这条可口的

鱼形金属
片冒充活鱼，
引鲈鱼上钩。

xiǎo yú cóng zuǐ biān liū diào    yī xià zi pū le guò qù
小鱼从嘴边溜掉，一下子扑了过去，

jiù zhè yàng bǎ jiǎ xiǎo yú lián tóng diào gōu yī qǐ tūn dào dù
就这样把假小鱼连同钓钩一起吞到肚

li    biàn chéng le diào yú rén de kě kǒu wǎn cān    rú guǒ
里，变成了钓鱼人的可口晚餐。如果

méi yǒu yú yǎo gōu    diào yú rén jiù huàn dào qí tā dì fang
没有鱼咬钩，钓鱼人就换到其他地方，

kāi záo xīn de bīng kū long    yī bān yòng bīng xià bǔ yú jù
开凿新的冰窟窿。一般用冰下捕鱼具

lái bǔ zhuō    yè yóu shén    shān nián yú    bīng xià bǔ yú
来捕捉"夜游神"山鲇鱼。冰下捕鱼

jù zhǐ de shì yī miànduǎnduǎn de lì wǎng    yě jiù shì zài
具指的是一面短短的立网，也就是在

一根绳子上系上
3 根线绳（或棕绳），
每根线绳之间的间距为 70
厘米。钓钩上挂着鱼饵，这些鱼饵可
能是条小鱼，或者是一小块鱼肉，又
或者是山鲇鱼喜欢吃的蚯蚓。绳子的
另一头拴个重物，一直垂到水底。水
流便把带着饵食的钓钩，一个接一个
地冲到冰下面。绳子的上端拴在一根
棍子上。把棍子横放在冰窟窿上，一
直放到第二天早晨。钓山鲇鱼的好处
在于，用不着像钓鲈鱼那样，在河上

介绍了冰下捕鱼具的使用方法。

等很久，冻得受不了。只用等到第二
天早晨再来一趟，把棍子提起来一看，
绳子上已经挂着一条长长的、黏糊
糊的大鱼了。这条鱼长得和老虎一样，
有花条纹，身子两侧扁扁的，下巴上
长根胡须，这就是山鲇鱼。

介绍了山鲇
鱼的外貌特征。

# 野鼠出动

这个时候，许多林中野鼠的粮仓
都缺粮了。为了躲避白鼬、伶鼬、鸡
貂和其他肉食动物，许多野鼠从洞穴
里逃了出来。在白雪覆盖着的大地和
森林里，没有食物可食。一群饥饿的
野鼠从森林里出动啦！人们的谷仓实
在太危险了，要时刻警惕了。伶鼬跟
着野鼠走。不过，它们的数量太少，

野鼠在缺
乏食物时就会
去偷袭人们的
谷仓。

zhuō bu wán rú cǐ duō de yě shǔ　yào bǎo hù hǎo liáng shi
捉不完如此多的野鼠。要保护好粮食，

bié ràng yě shǔ gěi chī guāng le
别让野鼠给吃光了！

## hé shù tóng líng
## 和树同龄

jīn nián　wǒ shí èr suì le　zài wǒ men shì li
今年，我十二岁了。在我们市里

de jiē dào shang　shēng zhǎng zhe yī xiē qì shù　tā men hé
的街道上，生长着一些槭树，它们和

wǒ yī yàng dà　shào nián zì rán kē xué jiā men　zài wǒ
我一样大：少年自然科学家们，在我

chū shēng de nà tiān　zhòng xià le zhè xiē shù　kuài kàn a
出生的那天，种下了这些树。快看啊，

qì shù zhǎng de bǐ wǒ hái gāo yī bèi ne
槭树长得比我还高一倍呢！

说明树林的生长速度比人高得多。

## cōng míng de dǎ liè fāng shì
## 聪明的打猎方式

yī dà zǎo shang wǒ hé bà ba yī qǐ qù dǎ liè
一大早上，我和爸爸一起去打猎。

zǎo shang qì wēn hěn dī　xuě dì shang yǒu hěn duō jiǎo yìn
早上气温很低。雪地上有很多脚印，

bà ba shuō　zhè shì xīn jiǎo yìn　tù zi jiù zài fù
爸爸说："这是新脚印。兔子就在附

jìn　bà ba jiào wǒ yán zhe jiǎo yìn zǒu　tā zì jǐ
近。"爸爸叫我沿着脚印走，他自己

说明爸爸打猎经验丰富。

则在原地守着。兔子要是被人从躲藏

处赶出来，一般会先转个圈子，再沿

着自己的脚印往回跑。我沿着脚印走。

脚印延伸得很远，不过我坚持走着。

不久，我就把兔子赶出来了。原来它

躲在柳树丛下面。兔子惊慌失措地转

了个圈子，接着顺着自己原先的脚印

跑去。我急不可耐地等待枪响。过了

一分钟，又一分钟。突然，在一片寂

静中传来一声枪响。我朝枪响的地

方跑去，很快看见了爸爸，在距离他

大约十米的地方躺着一只兔子。我捡

起兔子，和爸爸回家了。

爸爸只开了一枪就打中了兔子。

# 芽在哪儿度过冬天

树木的嫩芽会悬在半空中过冬。

草的芽，也纷
纷选择了适合
自己的过冬方法。例如林
繁缕的芽，在枯黄茎叶的怀抱里过冬。
它的芽绿绿的，还活着，而叶子却早
在秋天就枯黄了，整棵草仿佛死了一
般。而触须菊、卷耳、石蚕草，还有
许多其他矮小的草，躲在积雪下保全
了芽，自己也安然无恙，准备以绿色
的盛装迎接春天的到来。这么说来，
虽然离地不高，这些小草的芽，都是
在地上过冬的。其他草的芽的越冬地
就不一样了。去年生长的艾蒿、牵牛

燕子姐姐伴你一起欣赏

安然无恙：
安然：平安；恙：
疾病；伤害；无
恙：没有疾病、
灾祸或事故。
原指人平安没
有疾病。现泛
指经过动乱或
灾害而平安无
事；没有受到
损害。

花、草藤、金梅草和立金花，这会儿在地上已不见踪影，只剩下半腐烂的叶和茎。假如想找它们的芽，可以在紧挨地面的地方找到。

草莓、蒲公英、苜蓿、酸模和著草的嫩芽也在地面上过冬，不过，这些嫩芽被一丛丛绿色的叶簇紧紧包围着。这些草也将通体嫩绿地从雪底下钻出来。还有许多草在地底下保存嫩芽。像鹅掌草、铃兰、舞鹤草、柳穿鱼、狭叶柳叶菜、款冬这些草的芽，附着在根状茎上过冬；野大蒜、野葱等的芽，在鳞茎上过冬；紫堇的芽，则在小块茎上过冬。陆地上的植物的芽，就在这些地方过冬。那些水生植物的芽，可以将自己深埋在池底或在湖底的淤泥里度过整个冬天。

拟人的手法，表现出草芽的生机勃勃、活泼可爱。

说明不管陆地还是水生的植物都能各自找到让芽过冬的地方。

# 免费食堂

鸣禽们正在遭受着饥饿和严寒的折磨。有爱心的城里人，在花园里，或者直接在自家的窗台上，为它们开办了免费小食堂。有些人把小块面包和肥肉用线拴起来，挂在窗外。有些人把装着谷粒和面包屑的小筐子放在院子里。荏雀、白颊鸟和青山雀，偶尔还有黄雀、红雀，以及其他许多冬天的小客人，一起光顾这些免费食堂。

人们帮助鸟儿过冬，体现出人与鸟儿的和谐相处。

# 学校里的生物角

不管你去哪个学校，都会看见生物角。在生物角的箱子、罐子和笼子

说明孩子们了解这些动物生活习性的区别。

里生活着各种各样的动物。它们都是孩子们夏天外出旅游时抓回来的。现在，孩子们忙个不停：要让所有住户吃饱喝足，要按各自的习惯爱好给它们安排住所，还要照料好每位房客，以防它们逃跑。生物角里生活着鸟、兽、蛇、青蛙和昆虫。其中，有一所学校的孩子们给我们看他们夏天写的日记。显然，他们收集动物不是随便闹着玩的，而是目的性很明确。在六月七日，日记本上写道："我们贴了一幅宣传画，呼吁大家把收集到的动物，

都上交给值日生。"在六月十日，值
日生写道："杜拉斯上交了一只啄木
鸟，米拉诺夫上交了一只甲虫，加夫
里洛夫上交了一条蚯蚓，雅柯夫列夫
上交了一只瓢虫和一只荨麻上的小甲
虫，包尔晓夫上交了一只小篱雀。"
等等。日记本上几乎把每天的事都记
载着。"在六月二十五日，我们到池
塘边玩耍。我们抓到了许多蜻蜓的幼
虫和其他小虫子，还抓到一只我们
急需的蝾螈。"有的孩子甚至
还详细描述了他们
抓到的动物：

和你一起分享

简单介绍了青蛙的外貌特征。

伴你一起欣赏

乱七八糟：形容无秩序，无条理，乱得不成样子。

"我们抓到了好多水蝎子、松藻虫和青蛙。青蛙有四条腿，每只脚上分别长着四只脚趾。它的眼睛是乌黑的，鼻子像两个小洞。它的耳朵很大。青蛙是对人类十分有益的动物。"冬天，孩子们还凑钱到商店里买了几种我们本地没有的小动物，比如说乌龟、金鱼、天竺鼠，还有羽毛艳丽的小鸟。每当走近生物角，你就能听到里面的房客乱七八糟的喧闹声。这些动物，有的在尖声叫嚷，有的婉转啼鸣，有的轻轻地哼唧；有的小房客是毛茸茸的，有的则是光溜溜的，有的长满羽毛。总之，生物角简直是个小型动物园。孩子们还琢磨出交换动物的好主意。夏天，一所学校的学生捉到许多鲫鱼，另一所学校的学生则养殖了很

多兔子，都快多得放不下了。于是，

两个学校的孩子进行了交换：四条鲫

鱼换一只家兔。低年级学生都是这样

做的。

　　而年纪稍长的孩子，则建立了他

们自己的小组织，几乎每所学校都建

立了少年自然科学家小组。

　　在列宁格勒的少年宫里，也有这

样的一个小组。各个学校都选派了最

优秀的少年自然科学家参与这个小组

　　说明许多孩子都对自然科学有着浓厚兴趣。

说明少年自然科学家们相互学习，态度严谨。

丰富多彩：彩：颜色；花色。数量充足、品种繁多，且极出色。也形容艺术形式应有尽有，绚丽多彩。

的活动。在那儿，少年动物学家和少年植物学家们，共同学习怎么观察和猎捕动物，又该怎么照顾逮到的动物，怎么制作动物标本，怎么采集和制作植物标本。少年自然科学家们非常关注风、雨、朝露和酷暑，关注田野、草地、江河、湖泊和森林的生活，关注集体农庄庄员们所干的农活。他们在研究我国既巨大无比、又丰富多彩的生活资源。在我国，新一代的科学家、勘探工作者、猎人、自然工作者正在成长起来。他们是充满智慧、生机勃勃而又具有开创力的一代。

# 熬待春归月（冬三月）

áo dài chūn guī yuè　dōng sān yuè

## 苦熬寒冬

kǔ áo hán dōng

到了森林年的最后一个月了。这是最艰难的一个月。森林中居民仓库里的存粮，也都快吃完了。飞禽走兽们都饿瘦了，皮下暖和的脂肪层也消去了。长期吃不饱的生活，使它们没多少体力了。这时，狂风暴雪又好像故意刁难它们似的，在树林里肆意穿梭，气温越来越低。冬爷爷仅能再快乐一个月了，所以它释放出了所有的寒气。现在，所有的飞禽走兽只能再

拟人的手法，表现出这个月非常寒冷。

jiān chí yī xià   níng jù zuì hòu de lì liàng   kǔ áo dào
坚持一下，凝聚最后的力量，苦熬到

chūn tiān de dào lái   wǒ men de sēn lín jì zhě zǒu biàn le
春天的到来。我们的森林记者走遍了

zhěng gè sēn lín   tā men dān xīn fēi qín zǒu shòu bù néng áo
整个森林。他们担心飞禽走兽不能熬

dào tiān qì zhuǎn nuǎn   tā men kàn jiàn sēn lín li de xǔ duō
到天气转暖，他们看见森林里的许多

bēi cǎn de shì   yǒu xiē lín zhōng jū mín rěn shòu bu zhù jī
悲惨的事。有些林中居民忍受不住饥

è yǔ hán lěng   shī qù le xìng mìng   shèng xià de hái néng
饿与寒冷，失去了性命。剩下的还能

zài jiān chí yī gè yuè ma   qí shí   yǒu xiē fēi qín zǒu
再坚持一个月吗？其实，有些飞禽走

shòu   nǐ bù yòng wèi tā men dān xīn   yīn wèi tā men shì
兽，你不用为它们担心，因为它们是

bù huì sòng mìng de
不会送命的。

自然界是残酷的，不是所有的动物都能顺利度过冬天。

bù yào wàng jì yú er
# 不要忘记鱼儿

ràng wǒ men lái guān zhù yī xià yú er ba   yú er
让我们来关注一下鱼儿吧！鱼儿

yǐ jīng zài hé dǐ de shēn kēng li shuì le yī gè dōng tiān le
已经在河底的深坑里睡了一个冬天了，

tā men de tóu shang   shì jiē shi de bīng wū dǐng   dà duō
它们的头上，是结实的冰屋顶。大多

shì zài dōng jì kuài yào jié shù de èr yuè li   tā men zài
是在冬季快要结束的二月里，它们在

chí táng hé lín zhōng hú pō li   yǒu shí huì gǎn dào yǒu xiē
池塘和林中湖泊里，有时会感到有些

鱼儿在结了冰的水下深坑里冬眠。

缺氧。于是，那些鱼儿就游到冰屋顶下，张开它们的圆嘴，用嘴唇捕捉冰上的小气泡。鱼儿有可能会全部缺氧而死。要是那样的话，春天来了，冰雪融化后，你拿着钓竿到这样的水池边去钓鱼，就钓不到鱼了。所以，一定不要忘记鱼儿。在池塘和湖面上，可以凿几个冰窟窿。还要让冰窟窿别再结冰了，这样鱼儿才可以有空气呼吸。

说明凿穿冰面对鱼儿的生命至关重要。

# 大力士公麋鹿

森林中的大力士公麋鹿和小个子公鹿，它们的犄角都脱落了。公麋鹿主动扔下头上那沉重的负担：它们在密林里，把犄角用力往树干上磨蹭，一直到蹭下来为止。这时，有两只狼，

公麋鹿需要借助外力来脱下自己的犄角。

胜券在握：
胜券：指取胜的可靠性。比喻很有把握，相信自己一定可以成功。

脱落犄角之后还会长出新的。

见到了这个解除了武装的大力士，打算向它进攻。它们觉得现在胜券在握。

一只狼从前面扑向麋鹿，另一只狼从后面进攻。意外的是，战斗很快结束了。麋鹿用两只结实的前蹄，踢碎了一只狼的脑袋，然后立即转过身，把另一只狼踢倒在地。这只狼全身是伤，费尽全力才从敌人身边逃脱。最近几天，公麋鹿又长出了新犄角，这是还没有长硬的肉瘤，外面覆盖着一层皮，皮上是柔软的绒毛。

# 我 爱 鸟

我和我的同学舒拉，都非常喜欢鸟。冬天，山雀和啄木鸟这类小鸟时常挨饿。我们很同情它们，于是给它

men zuò le gè sì liào cáo　wǒ jiā zhōu wéi yǒu chéng piàn de
们做了个饲料槽。我家周围有成片的

shù mù　niǎo er zǒng shì luò zài shù shang mì shí chī　wǒ
树木，鸟儿总是落在树上觅食吃。我

men yòng jiāo hé bǎn zuò le yī xiē qiǎn xiǎo de hé zi　měi
们用胶合板做了一些浅小的盒子，每

tiān zǎo chenwǎng hé zi li sǎ gǔ lì　niǎo er màn màn xí
天早晨往盒子里撒谷粒。鸟儿慢慢习

guàn le　bìng bù hài pà fēi dào hé zi qián　tā men gāo
惯了，并不害怕飞到盒子前，它们高

xìng de zhuó shí chī　wǒ men rèn wéi　zhè huì gěi niǎo dài
兴地啄食吃。我们认为，这会给鸟带

lái yì chù　wǒ men xī wàng suǒ yǒu de xiǎo péng yǒu men dōu
来益处。我们希望所有的小朋友们都

néng gòu cān yù zhè jiàn shì
能够参与这件事。

"我们"帮助鸟儿，鸟儿也接受了"我们"的善意。

kù hán de xī shēng pǐn
## 酷寒的牺牲品

kù hán　zài jiā shàngqiáng jìng de běi fēng　nà zhēn
酷寒，再加上强劲的北风，那真

shi tài kě pà le　zài zhè yàng de tiān qì zhī hòu　nǐ
是太可怕了！在这样的天气之后，你

kě yǐ zài xuě dì shangzhǎo dào xǔ duō dòng sǐ de . fēi qín zǒu
可以在雪地上找到许多冻死的飞禽走

shòu hé kūn chóng de shī tǐ　fēng bǎ jǐ xuě cóng shù zhuāng
兽和昆虫的尸体。风把积雪从树桩

xià　duàn shù xià chuī le chū lái　nà lǐ miànzhèng hǎo yǒu
下、断树下吹了出来。那里面正好有

xiǎo yě shòu　jiǎ chóng　zhī zhū　wō niú hé qiū yǐn duǒ
小野兽、甲虫、蜘蛛、蜗牛和蚯蚓躲

开门见山点明主题，引出下文。

藏着呢！风吹走了它们身上避寒的雪被，它们就被冻死了。在飞行途中，鸟被暴风雪击倒了。乌鸦的忍耐力超强，不过在长久的暴风骤雪之后，还是在雪地上发现了它们的尸体。暴风雪过后，森林卫生员立即开始工作。猛禽和猛兽这时也在森林里四处寻找食物，在风雪中冻死的尸体都被它们收拾得干干净净。

# 从冰窟窿里探出一个脑袋

一个渔夫正在涅瓦河口芬兰湾的冰上行走。当他经过一个冰窟窿时，看到从冰底下探出一个光秃秃的脑袋，依稀长着几根硬胡须。渔夫以为是溺水的人从冰窟窿里浮起的脑袋。不过，这个脑袋竟朝他转了过来，渔夫仔细一看，竟是张长着胡须的野兽的脸，皮肤绷紧，脸上布满闪闪发亮的短毛。一双明亮的眼睛，有一瞬间呆呆地盯着渔夫的脸。然后，传来一声"哗啦"的声音，兽脸钻进冰底消失了。渔夫这才明白他看到的是海豹。海豹正在冰底下抓鱼。它把脑袋探出水面一小会儿，是为了透气。

用冰下的脑袋，引起读者阅读兴趣，引出下文。

仔细地描写了海豹脸部的样子。

数不胜数:
数:计算。数都
数不过来。形
容数量极多,
很难计算。

dōng tiān   hǎi bào bù shí cóng bīng kū long li   pá dào bīng miàn
冬天,海豹不时从冰窟窿里爬到冰面
shang lái     yīn cǐ yú fū men jīng cháng zài fēn lán wān shang
上来,因此渔夫们经常在芬兰湾上
liè dào hǎi bào     yǒu shí     yī xiē hǎi bào zhuī yú     yī
猎到海豹。有时,一些海豹追鱼,一
zhí zhuī jìn le niè wǎ hé     lā duō yá hú li de hǎi bào
直追进了涅瓦河。拉多牙湖里的海豹
shǔ bù shèng shǔ     nà li jiǎn zhí shì gè zhēnzhèng de hǎi bào
数不胜数,那里简直是个真正的海豹
yú liè chǎng
渔猎场。

## 隐秘的角落
yǐn mì de jiǎo luò

jīn tiān     wǒ zài yī gè yǐn mì de jiǎo luò li
今天,我在一个隐秘的角落里,
zhǎo dào le yī zhū kuǎn dōng     tā zhènghǎo kāi huā le     yě
找到了一株款冬。它正好开花了,也
bù pà hán lěng     xì jīng shangchuān zhe dān bó de yī shang
不怕寒冷,细茎上穿着单薄的衣裳:
lín zhuàng de xiǎo yè zhū sī bān de róng máo     xiàn zài     rén
鳞状的小叶蛛丝般的茸毛。现在,人
men dōu chuān zhe wài tào     dōu pà lěng     kě tā jìng rán chuān
们都穿着外套,都怕冷,可它竟然穿
de zhè me dān bó     nǐ kěn dìng bù xiāng xìn wǒ de huà
得这么单薄。你肯定不相信我的话,
fù jìn dōu shì xuě     zěn me kě néng yǒu kuǎn dōng     wǒ shuō
附近都是雪,怎么可能有款冬?我说
guo     wǒ zài     yǐn mì de jiǎo luò     li fā xiàn le
过,我在"隐秘的角落"里发现了

提出质疑,
引出下文,引起
读者阅读兴趣。

它！好吧！告诉你吧！它生长在一座大楼的南面，并且是在暖气管子通过的地方。在"隐秘的角落"里，雪随时都可以融化，所以土是黑颜色的，和春天时一样，散发着热气。不过，气温还是低得刺骨！

燕子姐姐和你一起分享

解释了这株款冬在冬天开花的原因。

## 光滑的冰

有时，在冰雪融化之后，突然一下子变得刺骨地寒冷，把融化的雪马上冻成了冰。积雪上的冰层，坚硬、滑溜。鸟兽柔弱的脚爪根本刨不开它，尖嘴也啄不破它。鹿蹄可以踏穿它，不过被踢破的坚硬的冰层的边缘锋利得像把刀，割破了鹿脚上的毛皮和肉。鸟儿怎么才能吃到冰层下的小草和谷

燕子姐姐和你一起分享

介绍了雪化为冰的背景，为下文做铺垫。

冰雪消融，雪变得蓬松，为下文埋下伏笔。

雪化为冰，不再蓬松易挖，山鹑被冰封在雪下了。

粒呢？要是没有能力啄破这坚硬的冰层，就要挨饿。这样的事也会偶尔发生。在冰雪消融的天气里，地上的雪变得湿润蓬松。傍晚，一群灰山鹑飞落在雪上，它们轻松地在雪地上刨了几个小洞，在暖和的洞里睡觉呢！不过，到了半夜，气温降低。山鹑睡在暖和的地下洞穴里，并没有醒，它们感觉不到冷。到第二天早晨，山鹑才睡醒。雪底下挺暖和的，不过呼吸很困难。得到外面去呼吸点新鲜空气，活动一下翅膀，找些食物吃。它们准备起飞，不过头顶上有一层结实的冰挡着。整个大地就像一个光滑的溜冰场。冰层上没有任何东西，冰层底下则是柔软的雪。灰山鹑把小脑袋使劲向冰壳撞，撞得鲜血直流，要是能

zuān chū zhè ge bīng zhào zi jiù hǎo le yào shi shéi néng chōng
钻出这个冰罩子就好了！要是谁能冲

chū zhè ge sǐ láo lóng jiù suàn tā hái děi è dù zi
出这个死牢笼，就算它还得饿肚子，

yě suàn shì xìng yùn de
也算是幸运的。

冬天，青
蛙在池塘的淤
泥下冬眠。

bō li yī yàng de qīng wā
## 玻璃一样的青蛙

sēn lín jì zhě qiāo diào le chí táng li de bīng jué
森林记者敲掉了池塘里的冰，掘

kāi bīng dǐ xia de yū ní kàn dào xǔ duō qīng wā tǎng zài
开冰底下的淤泥，看到许多青蛙躺在

yū ní li tā men yī wēi zài yī qǐ shì zuān jin
淤泥里，它们依偎在一起，是钻进

lai guò dōng de cóng yū ní li tuō chu lai
来过冬的。从淤泥里拖出来

de tā men wán quán xiàng shì yòng bō li zuò
的它们，完全像是用玻璃做

de qīng wā de shēn tǐ biàn de
的。青蛙的身体变得

hěn cuì rú guǒ bù xiǎo xīn
很脆。如果不小心

yī qiāo
一敲，

冻僵的青蛙在温暖的环境下复苏。

纤细的小腿马上就断了。我们的森林记者带了几只青蛙回家。他们小心地把冰冻的青蛙放在暖和的屋子里，给它们温暖。青蛙渐渐苏醒了，变得活跃起来，在地板上蹦来蹦去。等到春天，阳光融化池塘里的冰，温暖着水，青蛙就会醒过来，变得活跃起来。

## 冬日游园会

说明这些昆虫都是在地底下过冬的。

当天气稍稍有些暖和时，那些在地底待太久的虫子就会爬出来，如海蛆、瓢虫、蚯蚓等。

地上的积雪已被狂风卷走，正好给虫子们腾出了一块空地。好了，游园会现在开始了。被冻僵手脚的虫子们开始舒展筋骨，没有长出翅膀的小蚊子在地上爬来爬去，长脚舞蚊的翅膀已经长出来，它们在空中飞来飞去。还有饿了很久的蜘蛛，正在四处寻找食物呢。

游园会看着虽然热闹，但寒气一来，昆虫们便会各自躲好，有的藏到落叶下面，有的躲到枯草里，有的则溜到泥土里。就这样，游园会结束了。

说明不同的昆虫会躲到不同的地方去避寒。

## 雪下的奇迹

今天是个融雪天。我到地里挖种花用的泥土，顺便看看我为鸟儿开辟的小菜园子。在那儿，我给金丝雀种了繁缕。金丝雀非常喜欢吃繁缕鲜嫩多汁的绿叶。繁缕你们都认得吧？它有着淡绿色的小叶子、隐约可见的小

简单介绍繁缕的样子，表现出它的细嫩脆弱。

刚发芽的小繁缕会被冻死吗？

花和缠在一起的脆嫩的细茎。繁缕紧贴地面生长，要是没有照料好，菜地都会被密密麻麻的繁缕占领。今年秋天，我播下了繁缕的种子，不过种得实在太晚了。种子发了芽，还没来得及长成苗。这样，它们就被埋在了雪下，只留一小段细茎和两片子叶。我没指望它们能活下来。可是，当我再去瞧时，它们不仅熬过了冬天，而且还长高大了。它们已经不是幼苗，而是小植物了。好几株上还长着花蕾呢！真让人佩服啊，要知道它

menshēngzhǎng zài rú cǐ hán lěng de dà dōng tiān ér qiě hái

们生长在如此寒冷的大冬天，而且还

shì zài xuě dǐ xia a

是在雪底下啊！

## 冷水浴的爱好者
lěng shuǐ yù de ài hào zhě

zài bō luó dì hǎi tiě lù de jiā tè qīn zhàn zhōu wéi

在波罗的海铁路的迦特钦站周围，

zài yī tiáo xiǎo hé de bīng kū long páng sēn lín jì zhě fā

在一条小河的冰窟窿旁，森林记者发

xiàn le yī zhī hēi dù pí de xiǎo niǎo nà tiān tiān qì hán

现了一只黑肚皮的小鸟。那天天气寒

lěng wú bǐ tiān shàng suī guà zhe shǎn shǎn de tài yáng bù

冷无比。天上虽挂着闪闪的太阳，不

guò nà tiān zǎo chen wǒ men de sēn lín jì zhě hái bù dé

过那天早晨，我们的森林记者还不得

bù hǎo jǐ cì yòng xuě lái cā tā nà dòng de fā bái de bí

不好几次用雪来擦他那冻得发白的鼻

说明天气
非常冷。

zi yīn cǐ dāng tā tīng dào hēi dù pí xiǎo niǎo kuài lè

子。因此，当他听到黑肚皮小鸟快乐

de zài bīng shang gē chàng shí wú bǐ jīng yà tā zǒu shàng

地在冰上歌唱时，无比惊讶。他走上

qián kàn dào xiǎo niǎo tiào le qǐ lái pū tōng yī shēng diào

前，看到小鸟跳了起来，扑通一声掉

jìn le bīng kū long li tóu hé zì jìn la sēn

进了冰窟窿里。"投河自尽啦！"森

生动有趣
的画面，表现
出森林记者的
惊诧。

lín jì zhě xiǎng tā jí máng pǎo dào bīng kū long páng xiǎng

林记者想，他急忙跑到冰窟窿旁，想

jiù qǐ nà zhī hú tu de xiǎo niǎo kě shì xiǎo niǎo jìng zài

救起那只糊涂的小鸟。可是小鸟竟在

水里用翅膀划水，和游泳选手用胳膊
划水一样。小鸟的黑脊背在透明的水
里闪闪发光，仿佛一条小银鱼。小鸟
潜入河底，用锋利的脚爪抓沙子，在
河底上跑起来了。它在一个地方逗留
了不久，就用嘴把一块小石子翻过来，
从石子下捉出一只乌黑的水甲虫。过
了不久，它从另一个冰窟窿里钻出
来，跳到了冰面上。它把身上的水
抖掉，又唱起快乐的歌来。森
林记者把手伸进冰窟窿里，
心想："可能这
里是温泉，小

河里的水是暖和的吧！"不过，他立

马把手从冰窟窿里缩了回来：冰冷的

河水把他的手冻得刺骨地疼。这时他

才明白过来：眼前的这只小鸟，是一

种水雀，名叫河乌。这种鸟，和交嘴

鸟一样，不遵循自然规律。它的羽毛

上有一层薄薄的脂肪油。它潜入水中

的时候，那油腻的羽毛就会起泡，银

色的光一闪一闪的。河乌好像穿了一

件空气制成的衣服，因此，就算在冰

水里，它也感觉不到冷。在我们列宁

格勒州，河乌是罕见的客人，仅仅在

冬天的时候，它们才会登门拜访。

说明水温非常低，同时也表示这只小鸟不怕冷。

解释了河乌不怕冷的原因。

## 坚强的生命

整个漫长的冬季，当你望着冰雪

不由自主：
由不得自己，控
制不住自己。

说明许多
植物埋在雪下
可以避寒。

覆盖的大地，会不由自主地思考：在这片寒冷而干燥的雪海下面，到底还剩下些什么呢？在雪海下面，是不是有生命存在？在森林、林中空地和田野的积雪上，记者分别挖了一些很大的深坑，一直挖到地面。我们在那些地方看到的东西，真是出乎我们的预料。雪里面露出了许多绿色的小叶簇。有从枯草根下钻出来的尖尖的小嫩芽，有被沉重的积雪压得匍匐在冻土上的绿色草茎。它们都活着！原来，草莓、蒲公英、荷兰翘摇、狗牙根、酸模，还有各色各样的植物，都住在幽静的雪海底下。它们都是绿绿的。在翠绿娇嫩的繁缕上，甚至还长着细小的花蕾。在我们森林记者挖的雪坑的四壁上出现了一些圆形小窟窿。原来这是

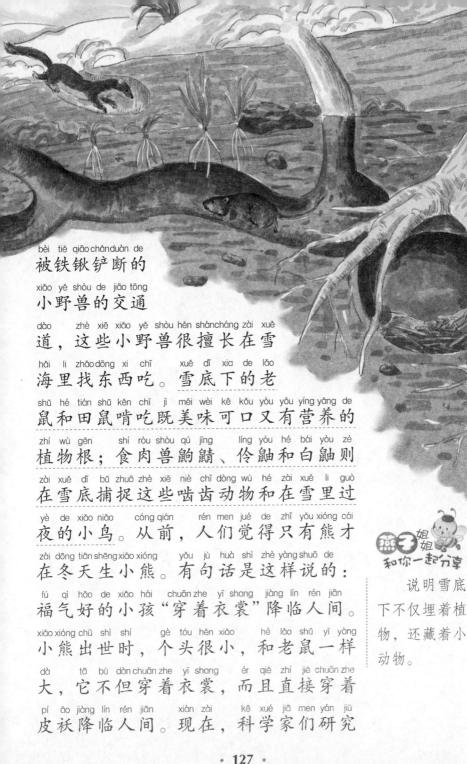

被铁锹铲断的
bèi tiě qiāo chǎn duàn de

小野兽的交通
xiǎo yě shòu de jiāo tōng

道，这些小野兽很擅长在雪
dào  zhè xiē xiǎo yě shòu hěn shàn cháng zài xuě

海里找东西吃。雪底下的老
hǎi li zhǎo dōng xi chī  xuě dǐ xia de lǎo

鼠和田鼠啃吃既美味可口又有营养的
shǔ hé tián shǔ kěn chī jì měi wèi kě kǒu yòu yǒu yíng yǎng de

植物根；食肉兽鼬鼱、伶鼬和白鼬则
zhí wù gēn  shí ròu shòu qú jīng  líng yòu hé bái yòu zé

在雪底捕捉这些啮齿动物和在雪里过
zài xuě dǐ bǔ zhuō zhè xiē niè chǐ dòng wù hé zài xuě li guò

夜的小鸟。从前，人们觉得只有熊才
yè de xiǎo niǎo  cóng qián  rén men jué de zhǐ yǒu xióng cái

在冬天生小熊。有句话是这样说的：
zài dōng tiān shēng xiǎo xióng  yǒu jù huà shì zhè yàng shuō de

福气好的小孩"穿着衣裳"降临人间。
fú qì hǎo de xiǎo hái chuān zhe yī shang jiàng lín rén jiān

小熊出世时，个头很小，和老鼠一样
xiǎo xióng chū shì shí  gè tóu hěn xiǎo  hé lǎo shǔ yī yàng

大，它不但穿着衣裳，而且直接穿着
dà  tā bù dàn chuān zhe yī shang  ér qiě zhí jiē chuān zhe

皮袄降临人间。现在，科学家们研究
pí ǎo jiàng lín rén jiān  xiàn zài  kē xué jiā men yán jiū

说明雪底下不仅埋着植物，还藏着小动物。

· 127 ·

fā xiàn  dōng tiān yǒu xiē lǎo shǔ hé tián shǔ jiù hǎo bǐ bān
发现，冬天有些老鼠和田鼠就好比搬

dào le dōng jì bié shù  cóng xià tiān de dì xià dòng xué
到了冬季别墅：从夏天的地下洞穴，

bān dào le dì miànshang  zài xuě dǐ xia de shù gēn hé guàn
搬到了地面上，在雪底下的树根和灌

mù xià bù de zhī tóu shang zhù cháo  ràng rén jīng qí de shì
木下部的枝头上筑巢。让人惊奇的是：

dōng tiān tā men yě shēng hái zi  gāngshēng xia lai de xiǎo lǎo
冬天它们也生孩子！刚生下来的小老

shǔ guāng liū liū de  bù guò cháo li hěn nuǎn huo  shǔ mā
鼠光溜溜的，不过巢里很暖和，鼠妈

ma huì gěi tā men wèi nǎi chī
妈会给它们喂奶吃。

## guān yú xióng de gù shi
# 关于熊的故事

èr yuè dǐ  dì shang de jǐ xuě hái shi hòu hòu de
二月底，地上的积雪还是厚厚的

yī céng  sāi suǒ yī qí dài zhe běi jí quǎn xiǎo xiá wài chū
一层，塞索伊奇带着北极犬小霞外出

dǎ liè  tā cǎi zhe huá bǎn píng wěn de qián xíng  xiǎo xiá
打猎，他踩着滑板平稳地前行，小霞

zé xīng fèn de zài tā shēn qián shēn hòu zhuàn
则兴奋地在他身前身后转。

zhè shí  sāi suǒ yī qí kuài zǒu chū zhǎo zé dì le
这时，塞索伊奇快走出沼泽地了，

tā de qián fāng shì yī piàn piàn xiǎo shù lín  xiǎo xiá xùn sù
他的前方是一片片小树林。小霞迅速

de liū jìn le qí zhōng yī piàn shù lín  hěn kuài biàn méi le
地溜进了其中一片树林，很快便没了

shēn yǐng guò le yī huì er sāi suǒ yī qí tīng dào le
身影。过了一会儿，塞索伊奇听到了

xiǎo xiá de jiào shēng tā zhī dào xiǎo xiá shì fā xiàn xióng le
小霞的叫声。他知道小霞是发现熊了，

biàn kuài sù huá zhe huá bǎn cháo xiǎo xiá fā shēng de dì fang
便快速滑着滑板，朝小霞发声的地方

gǎn qù
赶去。

guǒ rán xiǎo xiá fā xiàn de dì fang shì xióng de yǐn cáng
果然小霞发现的地方是熊的隐藏

chù sāi suǒ yī qí xiān zhǎo hǎo shì hé shè jī de wèi zhì
处。塞索伊奇先找好适合射击的位置，

rán hòu jiāng xuě tà shí zuì hòu ná qǐ liè qiāng
然后将雪踏实，最后拿起猎枪。

guò le yī duàn shí jiān yī zhī xióng cóng yǐn cáng chù
过了一段时间，一只熊从隐藏处

tàn chū tóu lai tā àn lù sè de xiǎo yǎn jing shǎn zhe xià
探出头来，它暗绿色的小眼睛闪着吓

rén de guāng sāi suǒ yī qí máng cháo tā shè jī dàn bù
人的光。塞索伊奇忙朝它射击，但不

xìng de shì zǐ dàn cóng xióng de liǎn jiá cā guo xióng shòu shāng
幸的是子弹从熊的脸颊擦过，熊受伤

bù zhòng
不重。

zhè shí shòu jīng de xióng tiào chu lai pū xiàng sāi suǒ
这时，受惊的熊跳出来扑向塞索

yī qí hái hǎo sāi suǒ yī qí kāi le dì èr qiāng
伊奇。还好，塞索伊奇开了第二枪，

ér qiě zhèng hǎo dǎ zhòng xióng
而且正好打中熊。

kě shì jiù dāng sāi suǒ yī qí fàng xià xīn lai shí
可是，就当塞索伊奇放下心来时，

yòu yǒu yī zhī xióng jiāng tóu tàn le chū lái sāi suǒ yī qí
又有一只熊将头探了出来。塞索伊奇

塞索伊奇
有条不紊的动
作表现出他沉
着、老练。

打死一只
又来一只，塞
索伊奇会遇到
危险吗？

急忙开枪，正好打死了那只熊。但令
人吃惊的是，接二连三有脑袋伸出来。

塞索伊奇被吓着了，他想自己应
该是闯到熊的聚集地了。慌了神的他
也顾不上瞄准，瞬间开了两枪。虽然
一枪打中了第三只熊，但还有一枪却
将跳向熊的小霞打中。

塞索伊奇再也没有力气了，他扔
掉手中的枪，刚迈出步子，没走几步
便跌在了一只熊的尸体上昏过
去了。

塞索伊奇再次
醒过来是因为他在

模模糊糊中感觉鼻子被什么东西抓住了。他想将那东西弄开，便用手一碰，却感觉到有什么毛茸茸的东西在鼻子上。惊醒过来的他瞪大了眼，发现一双暗绿色的小眼睛正望着他。

还有一只活着的熊正在他身边。

他失声叫了出来，然后将鼻子从熊的嘴里拉了出来，急忙往回跑。刚跑回家，他就瘫软在了地上。

过了好久，塞索伊奇才冷静下来，他将之前发生的一切整理了一番，这才明白：他第一枪打死的是熊爸爸，第二枪打死的是熊妈妈。

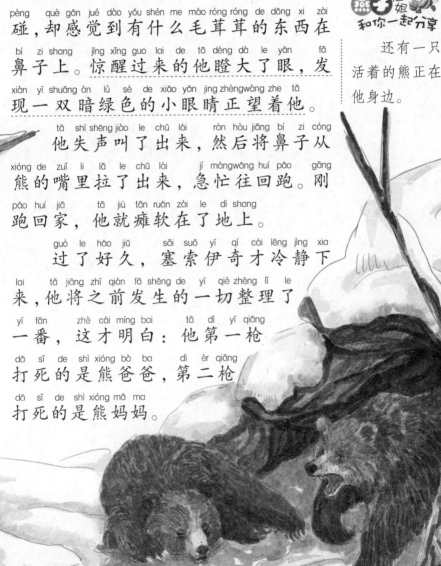

他开了两枪，打死了一只熊和小霞，还有一只熊没死。

xióng mā ma sǐ hòu　　tā de liǎng gè zhǐ yǒu yī suì de
熊妈妈死后，它的两个只有一岁的

xióng bǎo bao gēn chu lai le　　ér qí zhōng yī zhī yě bèi
熊宝宝跟出来了，而其中一只也被

tā dǎ sǐ le　　dāng tā hūn mí shí　　hái yǒu yī zhī
他打死了。当他昏迷时，还有一只

xióng bǎo bao yīn wèi dù zi è biàn xiǎng zài xióng mā ma shēn
熊宝宝因为肚子饿便想在熊妈妈身

shang zhǎo nǎi chī　jié guǒ fā xiàn dǎo zài nà er de tā
上找奶吃。结果发现倒在那儿的他，

yú shì xióng bǎo bao bǎ tā rè hū hū de bí zi dàng chéng
于是熊宝宝把他热乎乎的鼻子当成

mā ma de nǎi tóu　　yòng lì de xī le qǐ lái
妈妈的奶头，用力地吸了起来。

他没有打死那只熊宝宝，而是救了它。

zài qīng chu yī qiè zhī hòu　　sāi suǒ yī qí yòu huí
在清楚一切之后，塞索伊奇又回

dào le nà piàn shù lín　　tā jiāng xiǎo xiá mái le zhī hòu
到了那片树林。他将小霞埋了之后，

jiāng nà ge liú zài nà er de xióng bǎo bao dài huí le jiā
将那个留在那儿的熊宝宝带回了家。

xiàn zài　　tā yǔ nà zhī xióng de guān xì shí fēn qīn mì
现在，他与那只熊的关系十分亲密，

xióng yě shí fēn xǐ huan tā
熊也十分喜欢他。

## chéng shì jiāo tōng xīn wén
# 城市交通新闻

guǎi jiǎo chù de fáng zi shang　　yǒu gè biāo jì　　yuán
拐角处的房子上，有个标记：圆

quān zhōng jiān huà zhe yī gè hēi sè de sān jiǎo xíng huà　　sān
圈中间画着一个黑色的三角形画，三

角形里有两只雪白的鸽子。它的意思是："当心鸽子！"司机开车到大街拐角处转弯时，会谨慎地绕过一大群鸽子。这群鸽子就聚在马路中间，有青灰色的，有白色的，有黑色的，有咖啡色的。大人们和孩子们站在人行道上，丢米粒和面包屑喂鸽子。"当心鸽子！"这个叫汽车注意的牌子，最开始是根据女学生托尼·柯尔基娜的提议，挂在莫斯科的大街上。现在，在列宁格勒和其他交通繁忙的大城市里，也都挂出了同样的牌子；男女市民经常边喂鸽子，边欣赏这些象征和平的小鸟。珍惜鸟类的人们是光荣的！

介绍了这个标志的样子和含义。

人们对鸽子非常友好。

# 神奇的小白桦

燕子姐姐和你一起分享

描绘出身披薄冰的小白桦的样子。

昨天晚上和夜里，雪花纷飞，我在园子里种植的一棵心爱的白桦树的树干，和全部的树枝都被雪涂成了白色。天快要亮的时候，气温突然降低。太阳升到蔚蓝的天空中。这时我的白桦树变得神奇而迷人：它挺立在那里，从树干到最细的小树枝，都好像涂了一层白釉，原来是湿漉漉的雪被冻成了一层薄冰。小白桦浑身银光闪闪。

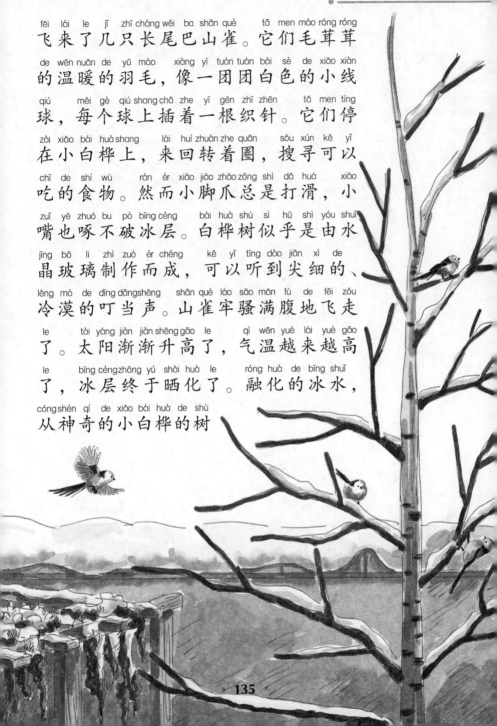

飞来了几只长尾巴山雀。它们毛茸茸的温暖的羽毛，像一团团白色的小线球，每个球上插着一根织针。它们停在小白桦上，来回转着圈，搜寻可以吃的食物。然而小脚爪总是打滑，小嘴也啄不破冰层。白桦树似乎是由水晶玻璃制作而成，可以听到尖细的、冷漠的叮当声。山雀牢骚满腹地飞走了。太阳渐渐升高了，气温越来越高了，冰层终于晒化了。融化的冰水，从神奇的小白桦的树枝上、树干上流了下来，形成了一个冰冷的喷泉。水不断往下滴。水珠闪烁着，向前流着，像一条条小银蛇，沿着树枝源源不断地流下。山雀飞回来了。它们落在树枝上，一点也不怕沾湿了小爪。现在它们可高兴了：小爪也不会打滑了，解冻的白桦树还请它们吃了一顿美味的早餐。

源源不断：
形容接连不断。

# 返回故乡

说明候鸟迁移的目的地遍布全球多个国家。

《森林报》编辑部收到了许多令人高兴的消息。这些信件来自埃及、地中海沿岸、伊朗、印度、法国、英国和德国。信中是这样写的：我们的候鸟已经在返乡的路上了。它们沉着镇定地飞着，占领了刚刚融化出来的

dà dì hé shuǐ miàn　　tā men huì guī huà hǎo　dāng wǒ men
大地和水面。它们会规划好，当我们

zhè er bīng xuě róng huà　jiāng hé jiě dòng de shí hou　　jiù
这儿冰雪融化、江河解冻的时候，就

huì fēi dào zhè lǐ lái
会飞到这里来。

## dà lǎn chóng
# 大 懒 虫

　　　zài tuō sī nà hé yán àn　　jù lí shí yuè tiě lù
　　在托斯那河沿岸，距离十月铁路

de sà bó lín nuò chē zhàn bù yuǎn chù　yǒu gè dà shā dòng
的萨勃林诺车站不远处，有个大沙洞。

guò qù　rén men zài nà lǐ wā shā zi　bù guò xiàn zài
过去，人们在那里挖沙子，不过现在，

nà ge dòng li hěn jiǔ méi rén jìn qù le　　wǒ men de sēn
那个洞里很久没人进去了。我们的森

lín jì zhě zǒu jìn le nà ge dòng　　fā xiàn dòng dǐng shang guà
林记者走进了那个洞，发现洞顶上挂

zhe xǔ duō biān fú　tù fú hé shān fú　　tā men zài nà
着许多蝙蝠：兔蝠和山蝠。它们在那

lǐ zú zú shuì le wǔ gè yuè le　tóu cháo xià　jiǎo zhǎo
里足足睡了五个月了，头朝下，脚爪

jǐn jǐn de zhuā zhe cū cāo bù píng de shā dòng dǐng　tù fú
紧紧地抓着粗糙不平的沙洞顶。兔蝠

bǎ dà ěr duo cáng zài zhé qǐ de chì bǎng xià　yòng chì bǎng
把大耳朵藏在折起的翅膀下，用翅膀

bāo guǒ zhe shēn tǐ　fǎng fú chuān zhe fēng yī　tā men jiù
包裹着身体，仿佛穿着风衣，它们就

zhè yàng dào guà zhe shuì jiào　biān fú shuì le zhè me jiǔ
这样倒挂着睡觉。蝙蝠睡了这么久，

介绍了兔
蝠和山蝠奇特
的生活习性。

我们的森林记者有些担心，因此给蝙蝠测了脉搏、量了体温。在夏天，蝙蝠的体温跟我们人一样，大约 37℃，脉搏每分钟跳 200 次。而现在，蝙蝠的脉搏每分钟只跳 50 次，体温仅仅 5℃。不管怎样，这些大懒虫的健康状况，并不令人担忧。它们还可以悠闲地再睡上一个月，或者两个月，等到天气暖和，它们就会很健康地醒过来的。

说明蝙蝠在睡眠时降低了身体的消耗。

## 装修和新建

说明鸟儿们开始辛勤劳动，准备迎接春天了。

城里到处都在忙着装修旧屋子，建新房。老乌鸦、老慈乌、老麻雀和老鸽子，都在忙着装修去年的老巢。去年夏天才出生的年青一代在忙着筑

xīn cháo zhè dà dà zēng jiā le shù zhī dào cǎo mǎ
新巢。这大大增加了树枝、稻草、马
zōng róng máo hé yǔ máo zhè xiē jiàn zhù cái liào de xū qiú
鬃、绒毛和羽毛这些建筑材料的需求
liàng ne
量呢！

## 春天到来的前奏
chūn tiān dào lái de qián zòu

lí chūn tiān dào lái de rì zi yuè lái yuè jìn le suī
离春天到来的日子越来越近了，虽
rán qì wēn hái shi hěn dī dàn yángguāng yuè lái yuè càn làn
然气温还是很低，但阳光越来越灿烂。
zài gè chù nǐ dōu néng kàn dào chūn tiān yào lái de
在各处，你都能看到春天要来的
qián zòu zài chéng shì de huā yuán li jīn sè xiōng pú
前奏。在城市的花园里，金色胸脯
de rén què zhèng fàng shēng gē chàng qíng jǐ
的荏雀正放声歌唱："晴——几——
huí qíng jǐ huí shēng yīn qīng cuì wǎn
回！晴——几——回！"声音清脆婉
zhuǎn ràng rén tīng hòu yě néng gǎn shòu dào tā gē shēngzhōng
转，让人听后也能感受到它歌声中
huān kuài de qíng xù yě xǔ tā shì xiǎng gào su rén men
欢快的情绪。也许它是想告诉人们：
chūn tiān yào lái le mǎ shàng yào tuō dà yī le
春天要来了，马上要脱大衣了！
zài sēn lín li zhuó mù niǎo zhèng qiāo zhe shù mù
在森林里，啄木鸟正敲着树木，
nà yǒu jié zòu de shēng yīn xiàng shì wèi chūn tiān kuài yào dào lái
那有节奏的声音像是为春天快要到来

冬天将要
过去，动物们
将迎接快乐的
春天。

春天将要
降临，森林渐
复苏，充满了
生机。

ér hè cǎi　　cǐ wài　　sōng jī men yě chū lái le
而喝彩。此外，松鸡们也出来了……

bù jiǔ zhī hòu　chūn tiān jiāng huì lái lín　sēn lín
不久之后，春天将会来临，森林

li yòu huì shàng yǎn xīn de yǎn chàng huì le　jìng qǐng qī
里又会上演新的演唱会了，敬请期

dài ba
待吧！

# zuì hòu yī fēng jí diàn
# 最后一封急电

春夏秋冬
循环交替，一年
四季生生不息。

hòu niǎo yǐ jīng huí lái le
候鸟已经回来了。

chūn tiān jí jiāng lái lín
春天即将来临。

sēn lín li de dòng zhí wù zhèng jī jí zhǔn bèi yíng jiē
森林里的动植物正积极准备迎接

xīn de yī nián
新的一年。

xiàn zài　qǐng chóng xīn jiāng　sēn lín bào　dú yī
现在，请重新将《森林报》读一

biàn ba
遍吧。